青少年基础能力培养必读丛书

如何培养中小学生的
思考创新精神

QINGSHAONIAN
JICHUNENGLI
PEIYANG
BIDU CONGSHU

本书编写组◎编

世界图书出版公司
广州·北京·上海·西安

图书在版编目（CIP）数据

如何培养中小学生的思考创新精神 /《如何培养中小学生的思考创新精神》编写组编 . —广州 : 广东世界图书出版公司, 2010. 7 (2024.2 重印)

ISBN 978 -7 -5100 -2528 -0

Ⅰ. ①如… Ⅱ. ①如… Ⅲ. ①思维方法 - 青少年读物 Ⅳ. ①B804 -49

中国版本图书馆 CIP 数据核字（2010）第 147800 号

书　　名	如何培养中小学生的思考创新精神 RUHE PEIYANG ZHONGXIAO XUESHENG DE SIKAO CHUANGXIN JINGSHEN
编　　者	《如何培养中小学生的思考创新精神》编写组
责任编辑	李欣鞠
装帧设计	三棵树设计工作组
出版发行	世界图书出版有限公司　世界图书出版广东有限公司
地　　址	广州市海珠区新港西路大江冲 25 号
邮　　编	510300
电　　话	020-84452179
网　　址	http://www.gdst.com.cn
邮　　箱	wpc_gdst@163.com
经　　销	新华书店
印　　刷	唐山富达印务有限公司
开　　本	787mm×1092mm　1/16
印　　张	10
字　　数	120 千字
版　　次	2010 年 7 月第 1 版　2024 年 2 月第 12 次印刷
国际书号	ISBN　978-7-5100-2528-0
定　　价	48.00 元

前　言

当今世界，科学技术的发展日新月异，俨然已经进入了知识经济的时代。为了应对这种新情况，世界各国都在世纪之交的时候提出，要培养创新性人才。我国也在20世纪末的时候提出了“培养和造就高素质的创造性人才”的目标。

那么，如何才能培养和造就出高素质的创造性人才呢？要培养人才，首先就要有培养对象。简单地说，就是把谁培养成高素质的创造性人才。毫无疑问，广大的青少年，尤其是中小学生就是应该被培养的人。人们常说“儿童是祖国的花朵”，“青少年是祖国的未来”。现在的中小学生就是明天的创造性人才。

可是，如何才能把广大的中小学生培养成高素质的创造性人才呢？中小学生正处于接受基础教育的阶段，让他们去进行科学、技术，甚至文艺上的创新活动都不太现实。怎么办呢？唯一的办法就是培养他们的思考创新精神，让广大的中小学生从小就养成创新的习惯。一旦他们具备了这种精神，到他们走向社会，建设家园的时候，自然而然地就会在创新精神的指导之下，去从事具体的创新活动了。

什么是创新精神呢？创新精神是指要具有能够综合运用已有的知识、信息、技能和方法，提出新方法、新观点的思维能力和进行发明创造、改革、革新的意志、信心、勇气和智慧。它属于科学精神和科学思想的范畴，是进行创新活动必须具备的一些心理特征，包括创新意识、创新兴趣、创新胆量、创新决心，以及相关的思维活动。

创新精神是一个国家和民族发展的不竭动力，也是一个现代人应该具备的素质之一。创新精神是一种勇于抛弃旧思想、旧事物，创立新思想、新事物的精神。它让人们不满足于已有的认识，不断追求新知；它让人们不满足现有的生活方式，不断进行改革和革新；它让人们不墨守成规，敢于打破原有的框框，探索新规律、新方法；它让人们不迷信书本，敢于大胆地提出质疑；它让人们不人云亦云，善于独立思考……

创新精神是科学精神的一部分，它是促进自然和社会发展的动力，也是人们实现自我价值的动力。

为了培养广大中小学生的思考创新精神，我们编写了这本《如何培养中小学生的思考创新精神》。书中系统地向大家介绍了思考创新精神的构成，思考创新精神与机体素质、智能之间的关系等内容。

希望这本书对提高广大中小学生朋友的思考创新精神能有所帮助！

目　录

思考创新精神与创新兴趣

思考创新精神与个性特点

思考创新精神与个人意志

思考创新精神与学习态度

思考创新精神与创新灵感

思考创新精神与想象力

思考创新精神与机遇

克服创新之路上的障碍

什么是思考创新精神

创新精神的构成

思考创新精神是人们创造性地解决问题与发明创造过程中的特有的思维活动，是一切具有崭新内容的思维形式的综合，是能够产生前所未有的思维成果的特定范畴。

思考创新精神常常表现为不受传统观念所束缚，能够迅速发现事物与事物之间、现象和本质之间的联系，乐于追根寻源和检验论证，并且善于联想，富于想象和长于类比，充满好奇，兴趣广泛而且目标集中，常常把探索的目光投向未来。

创新能力素质有两个方面的内容，即思考创新精神和创造力。这两个因素互为因果，相互作用，共同构成一个人的能力素质。一般说来，思考创新精神决定人的创造力，而创造力又体现着人的思考创新精神，尽管它们有各自的内涵和特征，但在人的创造性上，这一点得到了完美的统一。

思考创新精神在思维上的体现就是创造性思维。创造性思维是指充满创造性的思维过程，它既有一定的先天生理基础，又需要后天的科学认识和培养。它有丰富的内容，是各种思维的有机结合，但又有自己鲜明的特征，科学地了解创造性思维的结构以及与之相关的因素，是素质教育的关键环节。

一般认为，创造能力的高低是由思考创新精神所决定的，而思考创新精神又为创造思维品质所制约，因此，培养创造能力应当首先从培养思考创新精神着手。心理学家们认为，思考创新精神是由“独特性”、“变通性”、“流畅性”、“深刻性”、“多路性”、“预见性”、“跨越性”这七种品质决定的。

首先，思维的独特性品质是思考创新精神的基础。超越固定的、习惯的认识模式，能够别出心裁地综合复杂环境的诸多因素，产生一种新颖的不同凡响的成果的思维活动就是思维的独特性。思维的独特性，是创造性思维的基本特征，其思维路径、实践方式和思维成果能够标新立异、刻意求新，对于科学家、发明家、文学家来说，其思维是否独特，是以和古今中外大量的同一类型的问题、理论和产品的“常态模式”作为比较依据来评判的。

构成思考创新精神基础的创造思维的独特性是以大胆怀疑，勇于挑战，不盲目崇拜，不迷信权威为前提的。思考创新精神的独特性还是衡量创造思维水平高低的主要指标。目前，世界上流行的对青少年学生创造力与创造性思维的测验中，首要的评分原则就是每题的所得分数与该题答案出现的频率成反比。回答得越是独特，作出此答案的人数越少，得分就越高。可见培养大胆想象，激发自己同中求异的思维能力，是培养创造能力的重要对策。

第二，思维的变通性是思考创新精神的前提。思维的变通性是指改变思维方向的能力，常常表现为思路灵活，举一反三，触类旁通，随机应变，能将思路转移到别人不容易想到、比较隐蔽的方向去。一个具有思维变通性的人，在思维及解决问题的过程中，不呆板，不僵化，机智灵活，能够随机纠正错误，常常会出现“山穷水尽疑无路，柳暗花明又一村”的出人意料的效果。

思维的变通性，给创造发明提供了更多的回旋余地和机会。思维不自由不变通的人，也就是思维呆板僵化的人，其创造力必然是很低下的，甚至是枯竭的。

第三，思维的流畅性是思考创新精神的重要特点。思维的流畅性是指思考问题和解决问题时思路顺畅、反应迅速。思维的速度是因人而异的，我们都有这样的体验：面对同样一个难题，一个思维流畅的人，总是能够周密思考，滔滔不绝，口若悬河，并能迅速推理和当机立断，凡是遇到事情优柔寡断，张口结舌的人，都是缺乏思维流畅性的表现。

思维的流畅性是一种极为宝贵的思维品质，它常常直接影响着一个人的学习效率、工作速度和活动质量，这不仅与知识储备和表达能力有关，而且同提取知识信息并加工为表达符号的速度有关。思维的流畅性同时也是对思维速度和效率的评判。

第四，思维的深刻性是思考创新精神的重要表现之一。思维的深刻性是指思考问题的深度。就是善于对客观事物进行细致分析、综合比较、善于区分事物的次要方面和主要方面，善于透过事物的表面现象揭示事物隐蔽的本质，并能把握事物发展的方向和趋势。能否抓住事物的本质特征，在事物的深层坚持开拓，打开缺口，扩大领域，这是创造发明的要义与关键。

第五，思维的多路性也是思考创新精神的重要表现之一。思维的多路性是指运用一种变通的、灵活的形式进行多渠道、多层次的推测、想象和创造性联想。多路性思维是一种极为可贵的思维品质，多路性思维的开发和利用可以为创造性思维提供一个更为广阔的天地和前景。

第六，思维的预见性也是思考创新精神的重要表现之一。思维的预见性往往表现为科学的预见能力，即人类通过想象来预测未来的能力。预见能力在创造过程中起着十分重要的作用，可以帮助人们选择最有前途和最有利于发挥聪明才智的研究课题；可以帮助人们选择最佳的研究路线；可以帮助人们减少科研工作的曲折、错误和盲目性。

第七，思维的跨越性是思考创新精神的重要表现。思维的跨越性常常表现为创造性思维的大内涵容量和大跨度张力，从思维的进程来说，它常常表现为省略思维步骤，加大思维“前进的跨度”；从思维条件的角度讲，它表现为跨越事物“可见度”的限制，迅速完成“虚体”和“实体”的转化。思维的跨越性是一种极为宝贵的创造思维品质，它要求对动态的万事万物具有总览、辩证分析和综合比较的思维能力，要求对客观世界的千变万化具有横向扫描和纵向审视的整合能力。创造性思维的跨越性是促进社会发展，加快科研速率，推动精神文明，提高生命效价，进行有效生存的不可或缺的智慧战略。

创新思维的阶段

思考创新精神在思维上的表现就是创新思维。心理学家对创新思维的过程研究表明，自产生、发展直至完成的每一项发明创造活动过程，均具有明显的客观规律性。任何创新思维必须经过四个阶段，即准备阶段、酝酿阶段、顿悟阶段和验证阶段。

第一个阶段是准备阶段。创新思维是从怀疑和不满开始的，并从中发现问题和提出问题，因此“问题意识”是准备阶段创新思维的关键。提出问题后创造者立即收集资料、信息，从他人的经验中获取必要的知识和启示，并从旧的问题和关系中发现新的东西，为解决问题做准备。

第二个阶段是酝酿阶段。这个阶段是冥思苦想，对前一阶段所获得的各种信息、资料加以研究分析，从而推断出问题的关键所在，并对问题做出解决的假想方案。

在此阶段，非逻辑思维和逻辑思维互补、潜意识和显意识交替，采用分析、抽象与概括、归纳与演绎、推理与判断等逻辑思维方法，经过反复思考、酝酿，有些问题仍未达到理想的解决方案，出现一次或多次“思维中断”。创造者此时往往处于高度兴奋状态，给人如痴如醉和狂热的感觉。这一过程可能是短暂的，也可能是漫长的，甚至进入“冬眠”状态，孕育着灵感和等待突变思维的降临。

第三个阶段是顿悟阶段。经过分析和冥思苦想，在创新方法的启示下，在直觉、灵感、想象和联想思维的共同作用下，灵感降临，思路豁然开朗，创造性成果脱颖而出，产生了超常的新理论、新观念、新思想和新发明。

第四个阶段是验证阶段。此阶段多采用逻辑思维方法，对创造成果进行科学的验证，利用观察、实验，分析、证明其发明的可重复性、合理性、严密性、可行性和发现的真实性。经过验证阶段，可以使创造的成果得到进一步完善和确认。但也可能因为可行性、重复性差等原因被否定，又回到酝酿阶段重新冥思苦想。

创新活动的规律

培养思考创新精神的目的就是提高广大中小学生的创新能力，继而用这种能力去进行创新活动。

世界是物质的，技术也是物质的。物质的技术有其鲜明的特性，遵从自然界所赋予的客观规律。技术系统是产品物质性的具体体现。技术系统是完成某个特定功能或职能的各个事物的集合。一个产品至少包含一个或若干个技术系统。技术的发展是辩证的，技术系统发展进化以及解决工程技术问题的规律是客观存在的。

千百年来，人们认为发明创新是天才的杰作，是大科学家和发明家去做的事情。所有的发明创新都是这些科学家和发明家在冥思苦想后“灵感”的结果，是运气使然，是可遇不可求的事情。有些人甚至认为发明创新是上帝或者神灵赐予极少数聪明人的“礼物”。

其实，发明创新是有规律可循的。发明创新完全可以建立在客观规律的基础上，建立在有组织的思维活动上，不靠偶然所得，而是按一定的程序达成必然的结果。从古至今，所有的发明创新的由来，都不是某些天才的灵感。无论是现代的科技创新，还是千百年前的古老发明，人类其实一直在无意识地、不自觉地遵循客观规律，应用发明原理来解决技术创新的问题。

人类的历史，就是一部创新的历史。数十万年以来，人类在与大自然抗争的过程中，无意识地遵循创新规律，利用一切可利用资源，创造了无数的人工制造物，不断地推进社会的发展与演变。

尽管人类无数次地遵循了创新的规律，实践了创新的方法，但是，一直没有人把创新的方法明确地、系统地总结出来。直到 20 世纪 40 年代，这个任务历史性地落到了一位名叫根里奇·阿奇舒勒的前苏联发明家肩上。

阿奇舒勒从 1946 年开始对专利潜心研究，直到后来领导着数十家研究机构、大学、企业组成的萃智研究团体，通过对数十万件的高水平发明专利所做的长期分析、归纳和总结，基于辩证唯物主义的认识论、矛盾论和系统论的思想，发现了人类进行科学研究和发明创新的背后所遵循的客观规律，提出了有关发明创新问题的基本理论——萃智理论。萃智来源于创新实践，又反过来指导实践中的创新，充分体现了辩证唯物主义的科学发展观。

阿奇舒勒认为，创新不是灵感的作用，而是人与技术的相互作用的结果；创新有着明确而强烈的客观规律；创新是一种人类与生俱来的先天的能力，是随着年龄的成长而逐渐被埋没但是又可以在后天被重新激发的能力。

阿奇舒勒指出：产品及其技术的发展总是遵循着一定的客观规律。相同的发明创新问题以及为了解决这些问题所使用的创新原理与方法，在不同的时期、不同的领域里反复出现，也就是说，解决问题（即实现创新）的方法是有规律、有方法学的。把这些关于方法的知识进行提炼和重组，形成一套系统化的理论，就可以用来指导后来的发明创新，就可以能动地进行产品设计，并且能预测产品的未来发展趋势。

与以往的传统创新技法相比较，萃智理论是一种迥然不同的创新方法论，它把创新提升到了方法学的高度，为产品创新设计提供了方向性、有序性和可操作性，因此受到了世界各国的极大关注，成为当今世界所公认的指导创新的最佳工具。过去十多年的事实已经证明，凡是掌握和应用了萃智理论的国家和地区，其科技水平及国家竞争力均已得到大幅度的提升。

萃智创新方法的几个要点是：

创新有方法，有规律，不是靠“运气”来决定的事情。

创新有原理，有工具，常人掌握以后都可以像发明家一样来做创新。

创新有实践，有验证，所有的创新方法和规律都在中国人的科技历史上得到了无数次的实践与验证，取得了无数的创新成果，由此而增加了读者对创新的熟悉感与体验感，提升了创新的信心。

创新有思维，有辩证法，它敢于否定、质疑和超越常规，可以指导读者在现有的创新成果的基础上，去思考、领悟和发现未知的事物与规律，将创新的层面进一步提升，将创新的成果进一步扩大，将创新的研究进一步深入。

无论是过去还是现在，无论是古人还是今人，只要进行发明创新，就一定会或“明”或“暗”地遵循萃智的理论去做——“明”在知晓和有指导；“暗”在无意识地摸索对了方向并实践成功。

与创新相关的概念

很多同学认为，与创新相近或相关的一些词汇，诸如：创造、发现、发明、革新、创意等，难以区分清楚各自的含义与彼此的区别，容易产生混淆。其实，这些概念之间既有联系，又有区别。

创造是指“第一次提出、造出的东西”，是第一次产生崭新的物质成果或精神成果的行为，其特征表现为首创。独创性、新颖性是创造成果的共性，新是创造的核心。

狭义的创造指科学、技术、理论、方法和产品（包括物质产品和非物质产品），在世界范围内的首次产生，它是一种“从无到有”的过程，故有人将其简称为首创或原创。狭义创造将“对已有事物的改进”排除在创造概念之外。创造的主体仅是少数的天才和社会精英们。

广义的创造指创造主体首次独立地做成功自己从未做成过，也不知别人做成过，或知道别人做成功过但不知道别人是如何做的，有益于社会发展的事情。创造的主体可以是普通人群或者是社会精英。

发明是指“通过思维或实验过程首先为一项科学或技术难题找到或发现了解决方案、解决方法”，例如生成新事物、新方法、新观点和新理论等。准确地说，一件发明就是一个以物质形态或概念形态存在的新的实体。发明与创造是非常接近或者等同的概念。

发明的成果都具有新颖性，因此，发明应该是一种创新。发明有不同的级别，最小发明可能属于改进与革新，有的发明成果属于首创，因此这样的发明也应该是一种创造。最高层面的发明属于发现级的重大成果。

革新是指“革除旧的，创造新的（事物、技术等）的行为或过程”。革新是一种具有高度创造性的，但是通常却不是首次被使用的解决方案。

所有的发明都是革新。然而，却有很多的革新并不是发明。革新比发明有着更为广泛的含义。革新不仅包括实体和物质，还包括战略、流程、风俗习惯、技术工艺、方法、理念、表达方式以及做事的方式等等。

创意是人的智慧，是一种能创造物质财富和精神价值的思维。由于创意是要从打破常规、大胆、勇敢、天马行空甚至胡思乱想开始，因此创意往往是引人人胜和出其不意的，常常表现为对事物具有前瞻性、新颖性、创造性等方面的认识。

由于创意常与视觉艺术结合在一起，其主要作用是视觉效果，所以创意往往是虚构的、示意的（例如给马车安装上喷气发动机），更多的是一种艺术形式或者产品的最早期构思，而并非一种真实的产品。

即使是对产品的构思、（或者与创意比较类似的）主意或者所谓的“点子”，绝大多数也并不能最终实现。根据国际上的统计结果，大约每 3000 个不成文的点子仅有 1 个能够最终在市场上取得成功。

因此创意并不等同于创新。但是一个好的创意，可以最终引导出创新的结果。

发现是指对科学研究中前所未知的事物、现象及其规律性的一种认识活动，是“第一次明确表述早已存在的客观事实、规律与现象”。发现也是一种最高层面的创新。

发现某些情况下是指获得天然性新成果的一类创造，例如：发现的成果是客观存在的物质，或物质的性质与规律。更多的情况是指推动全人类科技进步的重大技术创新（或创造），例如：由发现圆木能滚动重物而发明了车轮，奠定了人类交通工具的基础；由于发现 PN 结的单向导电性而发明了晶体管，奠定了人类所有信息化工具的基础等。

创新是指“第一次应用的事物或方法把发明和创造实用化与商业化，或把新的方法运用于经济活动”的过程。

广义的创新既包括一切从无到有的创造，也包括一切比既有的东西具有新形式、新内容的新东西。它既可以是一个以技术为内涵的创新，也可以是一个非技术内涵的创新。

广义的创新和广义的创造是同义词，差别微小，广义的创造更强调创造过程，而广义的创新更强调创造的结果。

狭义的创新和狭义的创造之间差别明显。狭义的创造多指原创、首创，指“从无到有”，不包括对已有事物的改进，并且多限制在科学、技术、理论、方法和事物的范围，与经济效益没有关系。狭义的创新可以是原创、首创，也可以是持续的技术改进。同时，狭义的创新是一种经济活动，获取经济效益是狭义创新的目的。

人们经常将创造与创新混为一谈，认为提出了一个“崭新”的概念就属于创新了。其实，有很多根本无法实现的“创造”概念，是无法产生价值和经济效益的。不能产生价值和经济效益的解决方案可能是一个好的构思或者创意，但不是创新。实现价值的解决方案才成为创新。

创新与创造的关系

“创新”和“创造”是同学们在日常生活中使用较为频繁的词汇之一，也是最容易混淆的概念。在它们之间究竟有无差异？

有人认为创新就是创造，创造就是创新，将两者等同起来。不少学者认为，“创造”和“创新”不存在实质性的差别，它们都是研究“创造学”领域的逻辑起源的概念，对“创造”与“创新”的内涵认识可以兼容，视为一个相同的概念，不必将它们在逻辑意义上进行严格区分。

也有人认为两者在本质上是不同的。他们认为，创造本身是一个过程，不同于创新的过程，即“创造”和“创新”是完全不同的概念。认为“创造”是“无中生有”，即创造出一个自然界没有的东西来；而“创新”是“有中生新”，在已有的基础上进行变革和改进，具有新的功能和效益。“创造”指科学技术的发明；“创新”是指这种发明第一次被商业性运用。

还有认为“创造”包括了“创新”。“创新”仅是人类创造活动的一种，它专指经济领域的创造，是创造成果的商业性应用，是创造的一个突出环节和核心，是创造价值的最高体现。另一种包含说认为“创新”包括了“创造”，创造是创新过程的第一阶段，是创新的一部分。“创造”是“创新”的一个环节，某种新的想法、概念，新的器物，只要发明或制造出来就叫“创造”，而“创新”既要提出和制造出来，又要推广使用，并产生一定的经济效益和社会效益。

不过，也有人对上述看法都不同意，他们认为“创造”和“创新”的内涵有相容和不相容，呈交叉状态。

但是，不管学者们怎样争论，“创造”和“创新”其本质是相通的，因为“创新”是在人类发明创造基础上产生的，它们表现的共性是：“创造”和“创新”都要出成果，其成果都具有首创性和新颖性。它们表现的差异性是：“创造”不一定要具有社会性和价值性，“创新”必须要具有社会性、价值性。创新是在创造基础上经过提炼的结果，是新设想、新概念发展到实际和成功应用的阶段，它代表了人类先进的生产力和先进文化，有益于人类社会的进步。

前苏联发明家、萃智创新方法学的创始人根里奇·阿奇舒勒采用划分发明级别的方式，将创新与革新、发明、创造、发现在技术领域的层面上统一了起来。发明级别可以分为 5 级。

第 1 级：个人发明也称为最小发明，是指在本专业范围内，用常识来解决常见问题，或仅对已有系统做简单改进。该类发明大约占人类技术创新总量的 32%。这一水平的成果通常被称为小改小革，其中只有一小部分能获得实用新型专利，无法获得发明专利。

第 2 级：本专业发明是指采用本专业内已有的知识和经验，对现有系统仅进行少量改进。该类发明大约占人类技术创新总量的 45%。这类成果可以申请和获得实用新型专利和专利保护。但是这类成果在独创性方面并不突出。

第 3 级：跨专业发明是指采用本专业以外的现有知识和经验对已有系统进行根本性改进。该类发明大约占人类技术创新总量的 18%。这类成果的新颖性和独创性都比较高，几乎都能够获得发明专利。

第 4 级：重大发明是指采用全新的原理来完成对现有系统基本功能的创新。该类发明大约占人类技术创新总量的 4%。这类成果往往属于重大成果、重要发明专利或基础专利之列。

第 5 级：特大发明是指依据人们对自然规律或科学原理的新发现，汇总全人类的知识体系做出的发现级的发明。该类发明数量大约小于人类技术创新总量的1%。这类成果大多属于基础专利，制约着一系列其他发明课题的解决。

由以上论述可见，革新、发明、创造、发现都体现在了发明的不同级别上。所有最终能转变成生产力的发明都可以划归创新的范畴。这种划分方式未必是最科学的分类方式，但是其好处是回避了对创新、革新、发明、创造、发现等词汇的内涵的争议，让人们把关注的焦点放到如何利用创新的方法和规律来实现以上各种级别的发明创新上来。

有关创新概念的讨论仍在继续着，至今尚无一致的结论。但是，不管怎么样，“创新”这个词语已经足够概括革新、发明、创造等词的含义了。不过，为了让大家不致对概念混淆，我们在下文的论述中也不再区分“创新”与“创造”两个词的用法，也就是说，在本书中，我们把创新和创造看成是一个概念，一个意思。

创新思维的培养原则

培养中小学生的思考创新精神，要根据他们的思维发展的特点来进行。思维是智力活动的核心成分。中小学生思维的发展是在身心发展的基础上，在学校教育、教学和社会影响下，通过个人主观努力而实现的。因此，中小学生思维发展的主要特点是：

第一，形式逻辑思维逐渐发展并趋向成熟的同时，辩证逻辑思维出现、形成和较快发展且逐渐占优势。

形式逻辑思维，是指在感情认识的基础上对事物本质联系的抽象同一的反映。它所反映的是事物的相对静止和不同的事物之间的确定界限。在形式逻辑思维活动中，人总是先撇开事物的个别性、差异性和运动性，而孤立地、静止地、抽象地反映客观事物的某一方面。辩证思维，是指对客观现实的本质联系的对立统一的反映。它既反映事物之间的相互区别，又反映它们之间的相互联系；既反映事物的相对静止，又反映它们的绝对运动。它承认事物自身的同一性，但认定这种同一性只存在于差异和对立之中。所以，无论在反映内容还是反映方式上，这两种思维都有明显的不同。

全国青少年心理研究协作组的研究结果表明，形式逻辑思维在初一即开始占优势，在解答形式逻辑思维的试题时得分为55.5分；高二学生的形式逻辑思维已趋于基本成熟，在解答同一套试题时得分接近75分。这个协作组还对国内23个省市在校青少年的辩证思维的发展做过大规模的问卷调查研究，结果表明：中学生辩证思维发展的速度是较迅速的（初一得分37.94分，初三为45.28分，高二为53.38分）。有关统计数据还显示了他们掌握辩证逻辑思维的概念、判断和推理这三种形式的不平衡性；在每一年级中，辩证概念和辩证判断的发展几乎处于同一发展水平，而辩证推理的发展，则远远落后于前两者，高二时，其得分也只有37.10分。可见，中学阶段只是辩证思维出现、形成和较快发展逐渐占优势的阶段，而不是其成熟阶段。

辩证逻辑思维是思维发展的高级阶段。在中学生的思维活动中，形式逻辑思维和辩证思维是密不可分地联系在一起的。前者是后者的基础，后者是前者的发展。前者的发展为后者的发展提供了可能性，后者的发展可以促进前者进一步发展。因此，就这一年龄阶段的思维训练的任务来说，应着重发展中学生的形式逻辑思维，同时也应培养他们的辩证逻辑思维。

第二，创造性思维同再生思维同步发展。

思维活动总是同解决问题联系在一起的。根据思维所要解决问题的性质的不同，可把思维活动区分为再生性思维和创造性思维。再生性思维所要解决的问题，是人类认识已经解决的，但对于问题解决者来说，它可能是新颖的。创造性思维所要解决的问题，则是人类认识未解决的，并且是具有社会价值的。这两种思维方式虽然不同，但却是互相联系，互相渗透的。中小学生学习的主要任务，是继承人类认识已经积累起来的知识经验，由此而决定，他们的思维活动基本上是属于再生性思维。但是，中小学生再生性思维发展的同时，创造性思维也要有较明显的发展。这是中学生年龄段思维训练的又一任务。

注意发展学生的创造性思维，同样要加强基本知识和基本技能训练。

首先，创造性思维的发展并非臆想，而是要建立在一定的知识和技能基础之上，按照科学规律去想。所以，发展创造性思维更要求加强“双基”训练，不能丢掉“双基”要求，单纯讲创造性思维。

其次，应当明确中小学教育属基础教育。基础教育的基本目标就是要培养和提高学生的基本素质，这个基本素质的重要内容之一就是要有一定的基础知识和基本技能。创造性思维只是基本素质的一个小部分。不要人为地夸大其作用，不适当地抬高其地位。中小学教育仍要以基础训练为主。

第三，从学生应具备的能力来看，创造性思维能力只是其心智能力的一个部分，而且是属于高层次的能力。教学中我们当然要注意发展学生的创造性思维能力，但更要注意发展学生的各种心智能力，特别是一些基础水平上的能力。

思维训练目标的制定必须遵循以下几项原则：

第一，目标性原则。思维能力本身具有复杂的结构，根据中小学各学科的教学目标，我们可以将思维品质的七个方面作为思维训练的七项指标。这是确定一个学生的智力超常、正常或低常的主要指标。思维的深刻性是一切思维品质的基础，流畅性主要是发散性思维量的指标，变通性则要求从不同的方面去发散。至于独特性因素，则要求以新的观点去认识、反映事物，这就意味着思维空间的重新改组。思维的批判性是在深刻性的基础上发展起来的品质。只有深刻地认识、周密地思考，才能准确地做出判断。在中学阶段，可在深刻性的基础上，把训练重点放在培养思维的流畅性和变通性上。

第二，层次性原则。按照青少年的思维从具体的直觉思维，到经验型的抽象思维，再过渡到理论型的抽象思维，最后发展为辩证思维这样一个心理特征，思维能力的发展是一个有着渐进层次的有序过程，在不同年级应有不同的要求。

第三，整体性原则。以系统的整体功能为目标，既注意思维能力中各项指标本身的功能，又注意它们的相互联系和综合功能。

第四，量力性原则。目标的制定要以目前中小学生的智力水平为基础，但也要顾及学生思维能力的“最近发展区”，既不能脱离学生和教师的实际，又要考虑到发展。

第五，相关性原则。中小学知识是我们进行思维训练的基本材料，因此整个计划的制定都应与现行的教学内容同步、吻合，辩证地处理好思维训练与“双基”知识的关系。

如何培养创新思维

如何培养广大中小学生的思考创新精神呢？最重要的就是打破思维定势与群体惯性约束。思维定势（也称思维惯性）是指一种迫使人们在平常情境下得出平常的解决方案的保守观念。思维惯性是决定创新能力的关键因素。习惯于单向思维、线性思维、惯性思维的大脑只能机械地重复旧的行为，只能惯于接受大家所说的，很难产生出创新的灵感和成果。

有人做了一个实验：把跳蚤放到一个玻璃杯中，因为跳蚤跳起的高度一般可以达到自己身长的400倍，所以跳蚤可以轻易地跳出来。于是，实验者把跳蚤再放回杯中，加上一个透明的玻璃盖子。当跳蚤再次跳起来后重重地碰到了玻璃盖子上，摔了下来。它接着再跳，一次又一次，终于，它调整了自己跳起的高度，不会撞到盖子了。

过了几天，实验者拿走了盖子，跳蚤还是在那里自由地上下跳动，但却怎么也跳不出杯子了。由习惯而养成的强烈的思维定势已经制约了跳蚤的行动。

如果说跳蚤是低等动物的话，猴子就是很聪明的了。也有科学家对猴子做了一个实验。他将四只猴子关在一个房间里，在房间上端的小洞口放了一串香蕉，当一只猴子想去拿香蕉时，刚到近前就被实验者在洞口上泼出的热水烫伤，赶忙退了回去。当后面三只猴子去拿香蕉时，一样被热水烫伤。于是猴子们只好望“蕉”兴叹。

又过了几天，实验者换了一只新猴子进入房内，当新猴子也想尝试去吃香蕉时，立刻被其他三只猴子制止，并被告知有危险。实验者再换一只猴子进入，当这只猴子想吃香蕉时，有趣的事情发生了：这次不但剩下的两只被烫过的老猴子阻止它，连后进去的没被烫过的新猴子也阻止它。

实验者继续更换猴子，当所有猴子都已换过之后，仍没有一只猴子敢去碰香蕉。洞口预设的热水机关早已取消了，但笼中的猴子们依然谁也不敢去碰近在咫尺的香蕉。

在上面的两个实验中，跳蚤是被个体惯性约束住了，猴子是被群体惯性约束住了。动物身上的这种本能在人类的活动中往往也会体现出来。从心理学的观点来看，思维惯性是人的一种与生俱来的自然能力，是一个人充分认识周围世界所需具备的必要素质，在大多数情形下，可令人得出快速而正确的解决方案。

从创新的观点看，思维惯性是有害的，因为它会将人的思维方式局限在已知的、常规的解决方案上，从而阻碍了新方案的产生。

在解决问题时，一个发明者通常会仔细浏览所有已知的传统方法。思维惯性的力量是很强的，但是又是难以察觉的，潜意识中的抑制力决不会让他对固定模式有丝毫的偏离。沿着思维惯性的方向去做事的想法导致人们难以找到新的解决方案。

因此，人们学习创新方法的最终目的，就是要打破思维惯性，跳出固有的思维模式与圈子，以创新的思维和视角来看待问题、分析问题、解决问题，让人形成创新思维的习惯。关于这个问题，我们将在下文详细论述。

思考创新精神的机体素质

人的智能器官

俗话说“身体是革命的本钱”，思考创新精神也需要良好的机体素质。富有创造力的智能机体素质，指不但拥有优良的感觉感官、运动器官，而且更具备优秀的神经系统与神经类型的特点，尤其是中枢神经系统的结构特点和类型。通俗一点说，不但要具有良好的机体素质，更要拥有一流的智能器官。因此，培养创造智能的机体素质，不但要积极从事体育运动，而且更要训练自己的智能器官。而要把自己的智能器官训练成一个优良的智能器官，就必须从了解智能器官开始，认识它，用好它，爱护它，从而培育出创造型的智能机体素质。

人具有任何动物都无法比拟的高超智能。人的这种本领是怎么来的呢？由于社会历史条件的限制，这个问题长期没有得到正确的回答。宗教宣扬灵魂是人体的主宰。灵魂寄寓于人的身体之中，如果它暂时离开，人就睡着了；如果它永远离开，人就死了。这种错误的宣扬曾经禁锢着人的思想，妨碍了人对自身的认识。

随着科学技术的进步，特别是生理学和心理学的发展，智能之谜正被逐步揭开。科学研究的成果雄辩地证明，灵魂并不存在，任何精神活动都有其物质基础。人所以能够感知和理解客观事物，作出反应，形成复杂的智能活动，是因为人具有产生这些心理活动的物质基础，即人所有的智能器官。

人的智能器官，主要是指脑和与脑密切关连的感觉器官和动作器官。高度发达的脑、手、言语器官，是人所特有的智能器官。

人人都有一双手。人的手是劳动的产物，又是劳动的器官；同时，又是人的感觉器官和动作器官。手的出现，是人类区别猿猴的主要标志之一。人的手在人认识和改造世界的过程中，发挥着巨大的作用。

人的手和猿的“手”，在结构外表上几乎没有什么差别，但是，仔细比较它们的机能就会发现，人手的灵巧是任何动物无法比拟的，其中一个重要的标志是人手具有一种任何动物所不具备的特殊动作能力——对指。

人手的这种特殊功能是人类劳动的结果，同时也是人进行劳动——特别是使用工具的必要条件。靠了对指，精细动作才得以完成。人类在劳动生活中，不断加深对周围世界的认识。在劳动中，人的智能逐渐发展，并且给自然界打上人的创造活动的印记。而人之所以能做到这一点，首先和主要的是由于手。

人类的语言，不仅是劳动的产物，而且是人的智慧的结晶；不仅是相互交流的工具，而且是认识世界、改造世界的强大武器。

言语是由语言器官发出来的。比较一下现代猿与现代人的言语器官就不难发现，从猿到人，声道骨由大变小了，而喉上间隙却由小变大了。人类言语器官主要由三部分组成：原动力——呼吸器官；颤动体——声带与喉头；共鸣箱——喉管、口腔和鼻腔。与猿猴不同的是，人的言语器官具有高度分化的声带肌与灵巧的舌肌。它们能协调动作，与整个发音器官相互配合，发出抑扬顿挫的语音，产生娓娓动听的言语。而语言的产生又有力地促进了人脑的发展，推动人的智能不断发展。

恩格斯在《自然辩证法》一书中指出：“首先是劳动，然后是语言和劳动一起，成了两个最主要的推动力，在它们的影响下，猿的脑髓就逐渐地变成了人的脑髓。”正是这样演进而来的人脑，成了人类智能最主要的器官。然而，人类对于自己头脑的功能和结构之间关系的认识，却是从无知和臆测开始的。中国古代就有“心之官则思”的论述，把心而不是把脑看作智能的器官。在西方也有类似情况。亚里士多德就认为心脏至高无上，而脑不过是个无关重要的“无血的器官”。

但是，脑是心理和智能活动的实体器官这一正确认识，确实又是中外科学史上的主流。中国古代象形文字中留下“思”这样的汉字，表明中华民族的祖先已经意识到思维与脑有关。“思”字在公元前7~5世纪就已经出现。它的上半部正是颅骨前囟的囟字。到了元、明时代，医书中就明确提出了“神不在心而在脑”、“脑为元神之府”等正确见解。同样，在公元前5世纪，古希腊医学家希波克拉底（公元前460~前375年），也曾提出思维的器官是脑而不是心的科学见解。

科技的不断发展，使人越来越认识到研究脑的重要性。正像俄国生理学家巴甫洛夫指出的那样：“人类大脑是人的最高形式，它创造了并且创造着自然科学，而大脑本身现在却成为这个自然科学研究的对象了。”人类现在对人脑的了解虽然还很不完全，但是科学家们正在贡献他们的智慧，去探索人脑的奥秘。

脑的发育与结构

从单细胞动物最初表现我向性（即个体以自身内在固有模式评判外界事物的习惯性反应）一直到人类种种复杂的心理活动，智能演进是如此的循序渐进，却又如此突飞猛进。而在进化的每个阶梯上，神经系统的发展又是与智能演进如此吻合。蠕虫类以下的动物，都未形成真正的脑，因此，学习能力极其低下，到了蛙类开始才出现了脑的两半球，到了鸟类脑又发展出一层不发达的新皮层，于是动物的学习能力就渐渐提高了。直到新皮层发达的灵长目动物——猿猴，才出现了思维的萌芽。

人类由于劳动和语言交往，脑的质和量都有了很大的提高。仅以脑量而言，距今300万年左右的脑量则到了800~1000毫升；二三十万年前的智人，脑量才增至1400毫升左右，与现代人的脑量相当。神经生物学的研究也证明，人类的大脑皮层与额叶，确实因劳动和语言才得到如此的发展。现代猿脑皮层上的前肢和后肢代表区几乎相等，而人类脑皮层手的代表区则明显增大，并且出现了与语言思维密切有关的代表区域。因此，是社会劳动与语言交往推动了人脑的发展；而发达的人脑，又使人类获得了认识世界和改造世界必不可少的智能的器官。

从受精卵直到婴儿诞生，整个胚胎时期人脑的发育过程，就像漫长的脑的种系发生史的一个缩影。受精卵发育到3个星期，外胚层开始形成神经管。4个星期的胚胎，就分化出3个原始的脑泡——菱脑、中脑和前脑。5个星期的时候，菱脑与前脑又各自分化为两个脑泡。此后，这五个脑泡就逐渐发育成延脑、后脑、中脑、间脑与端脑五大部分。后脑再进一步分化为脑桥与小脑；间脑分化为丘脑与下丘脑；端脑则分化为嗅脑与大脑两半球等。

起初，大脑皮层只占很小一部分，到胚胎发育的后期，才迅速扩展而覆盖了脑的其他部分，并形成极其复杂的沟与回所构成的皱折。如果将人脑皮层的皱折全部展平，面积竟可达到2.5平方英尺（1平方英尺≈0.093平方米）。

新生婴儿的大脑发育非常迅速，从出生到一周岁，脑重可以从400克长到1000克，增长1.5倍。到了2岁以后，脑重增长速度虽然减缓了，但是脑内某些类型的神经细胞，如“海马”部位小型的中间神经原等，正是在儿童时期发育成型的。到12岁左右，儿童的脑重才接近成年人的水平。至于脑的内部细微结构的发展，那就更是复杂万端了。

人类的神经系统包括脑及12对脑神经；脊髓及31对脊神经。脑科学把脑和脊髓称为中枢神经系统，而把脑神经与脊神经称为周围神经系统。在这些神经中，支配内脏、腺体与平滑肌的又称植物性神经系统；而支配骨骼肌肉与感觉器官的则称躯体性神经系统。这些系统各有分工又密切配合。如果把中枢神经系统比作整个身体的指挥系统，那么人的大脑就恰似统帅一切的司令部。人脑的主要组成部分是：延脑、后脑（脑桥与小脑）、中脑、间脑（丘脑与下丘脑等）以及端脑（嗅脑、基底核、胼胝体与大脑皮层等）。延脑被喻为“生命中枢”，脑桥负责小脑与高级部位的“通讯联络”、小脑则专司运动平衡。这些部分是维持正常生命活动所必须的。但与人的智能更直接攸关的，则是中脑水平以上的脑结构，特别是大脑皮层。

人脑的供养系统，对人的正常智能活动起着重要的保证作用。它主要包括血液循环系统与脑脊液系统。成年人的脑重只占体重2%左右，但它对血液中氧的需耗量却高达25%。研究还表明，脑内血管分布密度极高，脑的血流量约占全身的1/6。因此，失血15秒钟就会造成神智不清，失血4分钟以上，脑细胞大部分就将死去。血液系统的另一功用是，脑毛细血管能够阻止不少物质侵入脑内，被称为“血脑屏障”，保卫着脑，使脑能够正常工作。此外，从坚硬的脑壳向内，可见3层脑膜包裹着脑，那就是硬脑膜、蛛网膜和软脑膜。两层脑膜之间，还有许多的腔穴，充满着脑脊液，同整个脑脊液系统相通。脑脊液不仅滋润着脑，有利于新陈代谢，而且还有护脑防震的妙用。脑化学研究就是从这里入手，去探索智能活动与脑的微观世界之间的关系。

人脑虽然只重约1.5千克，但却居住着比地球人口多十几倍的“公民”——神经细胞和胶质细胞。它们在这个天地里互相协调地生存和活动。其中，约80%的“公民”是胶质细胞，它们主要负责脑的供养工作。而在第一线工作的则是一百几十亿个神经细胞。它们是神经系统的结构与功能单位，负责接受刺激与冲动。这些神经细胞，有的大到直径一百几十微米，有的则小到几微米，由细胞体和细胞体发出的轴突与树突两部分组成。其中，树突与细胞体一起组成细胞的感受区，接受其他神经元或感觉细胞从四面八方传来的冲动。轴突及其末梢则负责向其他神经元或肌肉等发送冲动。每个神经细胞的轴突末梢，能同另一些神经细胞的树突和细胞体接触。这个接触区称为突触，突触是由突触前膜、突触后膜以及前后膜之间的间隙组成。

突触按它在所连接的2个细胞上的部位可以分为2种类型：一类是轴突——树突突触；另一类是轴突——胞体突触。神经冲动就是从轴突通过这两类突触分别传到下一个细胞的树突或细胞体。突触间隙的宽度，从几十埃到几百埃不等。前一个神经细胞的电冲动，有可能直接跨越小的间隙传递前进，这种突触称为电突触；但是在大的间隙之间，只能借助于各种化学物质进行传递，这类突触就称为化学突触。高等动物特别是人的脑内，突触的主要类型是化学突触。脑科学研究表明，人脑拥有10^{14}个突触。人尽管出生几年之后，神经细胞就不再增殖，但突触却仍在不断生长与萎缩。

20世纪80年代以来，由于神经化学与生物化学的突飞猛进，对人脑的化学突触的认识也大大前进了。在静息状态下，神经细胞膜内外的各种离子浓度是不一样的，因此膜内外有一个电位差；在神经冲动时，细胞膜对于离子的通透性发生暂时性改变，于是造成电位差的变化，表现为神经冲动。

不同的末梢能释放出不同的化学物质，作为化学突触的传递物质。这种传递物质简称递质，能将信息传到突触后神经细胞。各种神经递质在神经细胞内合成后，贮存于轴突末梢的囊泡里。当神经冲动沿轴突纤维传来，才诱导囊泡把所贮存的神经递质释放到突触间隙。递质通过间隙达到下一个神经细胞的突触膜。突触膜上有一些特殊的蛋白质，叫做受体。递质与相应的受体结合，才能引起这个神经细胞相应的功能活动。神经递质与受体的结合是有特异性的。

例如，一种叫做乙酰胆碱的递质只能与乙酰胆碱的受体结合，而不会与别的受体结合。神经递质与受体结合以后，可以引起一系列的化学反应。首先一环，就是促使一种叫做作环一磷酸腺苷的物质大量生成，它作为第二信使，能调控细胞内种种化学变化，从而使信息得以传递，并引起相应的生理效应。

总而言之，人脑充满着种种细胞和突触，而且无时无刻不在进行着电变化和化学变化。它是一个极其复杂而高度组织起来的、微妙而广阔的世界。

保护好你的大脑

大脑只有健康才能经得住最高效、最持久的使用。具有健康的大脑，才能具备创造智能和思考创新精神，从事创造活动。为了维护和增进大脑的健康，必须经常性地、细心而周到地保护大脑。

首先，要防止大脑过度疲劳。同肌肉活动一样，大脑经过一定时间的活动就会出现疲劳。大脑疲劳表现为反应力下降，思考力减弱，注意力分散，记忆减退。大脑过度疲劳，就会头痛或昏昏欲睡。大脑是人体中最容易疲劳的组织。

疲劳是正常现象。适度的疲劳对人脑是一种保护性反应，可以防止脑细胞过度耗损和脑功能衰竭。经过休息，疲劳可以消除，对脑的健康没有影响。但过度疲劳则对大脑的健康不利。过度疲劳破坏了大脑皮层兴奋和抑制的平衡，造成脑功能失调，表现为神经功能紊乱，大脑反应迟钝，注意力很难集中，记忆力严重减退，工作和学习都感到很大困难。同时全身不舒服、头痛、头晕、食欲不振、睡眠不好，甚至导致某些疾病的发生，如高血压、消化性溃疡或神经官能症等。

防止大脑过度疲劳的主要办法是及时休息，让紧张的神经松弛下来。最好不要等到已经出现显著疲劳后再去松弛，而应在出现前就主动松弛。

其次，要适时转换大脑皮层的优势兴奋中心。人高度集中注意力从事某种脑力劳动时，大脑皮层中与此有关的区域就处于优势兴奋状态，其它区域则处于劣势兴奋状态或抑制状态。当改换劳动时，相应区域转为优势兴奋状态，原来的优势兴奋区域则转为劣势兴奋状态或抑制状态。兴奋的区域在工作，逐渐产生疲劳。抑制的区域在休息，以逸待劳。如果适时转换兴奋中心，使大脑皮层的各个区域交替兴奋和抑制，也就是交替工作和休息，自然就可以避免某一区域过度疲劳，整个大脑皮层的疲劳也将延缓。

心理学研究表明，同时学习和研究几个问题是可能的。这样做不仅由于内容更换使大脑获得休息，而且还由于对不同问题的深入思考，有助于丰富想象力和产生灵感。美国发明家爱迪生就经常同时研究几个项目，从不单打一。

当然，更换研究的项目不要太多，变换不要太频繁。否则，也会降低效率。最好做到有计划、有目的、有节奏地替换。

再次，应采用多种多样的休息方法。及时而适当的休息是防止大脑过度疲劳的不可缺少的措施。世间万物都有一张一弛的规律，两山之间有一谷，两浪之间有一伏。在两次紧张的工作之间有一次休息，就很符合这一规律。单纯地依靠延长工作时间来增加工作成效，用拼脑力、拼体力的方法苦战是不科学的用脑。这样做往往欲速不达，或者得不偿失。

休息的方式有很多种，休闲娱乐就是其中之一。休闲就是进行一些轻松愉快的活动，使紧张的神经得到松弛。

休闲的方式很多，如听听音乐，理理花草，看看小说，欣赏艺术品，钓钓鱼，下下棋，还有书法，绘画以及亲友闲谈等等。

音乐是人的生活中不可缺少的伴侣，它能给人以艺术上的享受。在紧张的用脑以后听听音乐，比平静地躺着休息能更快地消除疲劳。科学研究资料证明，悦耳的音乐能促使人体分泌一些有益于健康的激素、酶和乙酰胆硷等物质，调节血流量，调节神经细胞的兴奋和抑制过程，调节胃肠蠕动和消化液的分泌，使人感到轻松愉快，精神振奋。

为了在紧张用脑之余消遣得好，需要有广泛的兴趣爱好，生活丰富多彩，充满兴趣。只有这样才能使人的脑力和体力活动得到协调，避免单调和过度疲劳。

休闲不能占时间太多，也不能太广太杂，否则喧宾夺主，反而影响用脑。

体育活动也是让大脑休息的方式之一。体育活动既能增强体质和大脑的耐劳性，又能使大脑得到休息。适时适度参加各种体育活动是大脑最好的休息方式之一。

英国病理学家莫运斯的研究证明，脑力劳动者如果不注重体育活动，不仅高血压发病率高，而且发病年龄比体力劳动者早10~15年。美国心脏病学家威尔福的研究表明，不参加运动的脑力劳动者，其动脉硬化、闭塞性动脉炎的发病率为14.5%，而运动员的发病率仅为1.3%。体育活动不仅能使人的大脑得到休息，而且也使人的思维得到意想不到的启示，有助于更好地进行创造活动。

德国诗人歌德曾说过："我最宝贵的思维及其最好的表达方式，都是我在散步时出现的。"

选择什么运动项目、运动量多大，要根据创造主体的年龄、爱好和健康状况而定。同时，锻炼要坚持经常，不能一曝十寒。除了每天有较长时间的专门运动外，还要善于利用工作和学习的间歇，做好课间操、工间操，或在原地活动头颈四肢等。每天最低限度的体育活动是15~20分钟早操；两次课间活动，每次5~7分钟。晚间活动最好是以每小时4~6千米的速度行走半小时。

睡眠是大脑最好的休息。睡眠时，大脑皮层的抑制过程广泛而深沉，大脑的疲劳能够比较彻底地消除。

人的一生中，平均大约有1/3的时间在睡眠中度过。实验证明，不睡眠是不行的，选择两条体质差不多的狗，一条不给食物吃，只给水喝，但让它睡觉；另一条给足够的水和食物，但不让它睡觉。5天以后，吃饱喝足而不能睡觉的狗死去了；而不吃能睡的狗则25天后仍然活着。这说明睡眠对动物的生命比吃食还重要。

每天睡眠时间太短不行，太长也没有必要。合适的时间随年龄、身体特点和工作情况而不同。一般说来，婴儿睡得多，老人睡得少；冬天睡得多，夏天睡得少；体力劳动者比脑力劳动者睡得多；长寿老人比一般人睡得少。婴儿每天需要睡18～20小时，儿童12～14小时，成人7～9小时，老人5～7小时。在同一个年龄范围内，个体差异是很显著的。有人每天睡4～5个小时已够，有人睡8～9个小时还不足；有人熬几个夜，没有任何不良反应，有人少睡1～2个小时就困倦难忍。

第51届研究人的睡眠的国际会议，经讨论得出结论：关于人每天需有8小时睡眠的说法是毫无根据的。专家们认为，食物营养好的人，睡眠时间就少。睡眠时间的长短，完全由各人的生活节律所决定。

睡眠效果好坏不完全决定于睡眠时间的长短，而主要取决于睡得实不实，沉不沉；大脑皮层抑制过程扩散得广不广，深不深。只要睡得好，时间短一点，醒来也会头脑清楚，精力充沛；睡得不好，即使时间很长，醒来还是懒洋洋、昏沉沉。

因此，合理的睡眠时间不应该机械地规定为8小时，而应依据各人的生活节律而定。以睡后疲劳感消失，周身感到舒适，精力充沛，头脑清晰，能有效地工作和学习为标准。每个人都可根据这一标准，找出自己最短而充足的睡眠时间，避免睡得过多，浪费时间，引起不适。

根据巴甫洛夫的学说，睡眠和抑制是同一过程，是抑制过程在大脑皮层的广泛扩散。睡眠时，许多生理功能发生了变化，一般表现为嗅视听触等感觉功能减退，骨骼肌反射运动和肌紧张减弱，并伴有一系列植物性神经功能改变，如血压下降，心率减慢，瞳孔缩小，尿量减少，体温下降，代谢率减低，呼吸变慢，胃液分泌增多，唾液分泌减少以及发汗功能增强等等。在睡眠过程中，大脑的代谢产物得以排除，耗损物质得以补偿，大脑获得充分休息，脑疲劳得以消除，脑功能得以恢复。

最后，保护大脑要注意创造主体大脑需要的营养。

长期进行创造活动的人，无论从脑的保健还是从全身保健而论，都需要适当地增加营养。

大脑葡萄糖的贮存量很少，而在大脑活动时，对葡萄糖的消耗量很大，需要随时由血糖供应。因此，创造主体的大脑对血糖极为敏感。血糖降低时，轻者思路不清晰，感到疲倦；重者发生昏迷。

科学家们的研究成果显示，从事创造活动的人的大脑每天消耗葡萄116～145克，约占从食物中摄取的葡萄糖的1/3。从食物来的葡萄糖是由食物中的碳水化合物分解而成。中国人主食中碳水化合物的含量比较高，只要定时进餐，大脑中糖的供应就不致缺乏，不必特殊供应。如果创造主体食用过多的碳水化合物，反而会造成体脂过多，身体肥胖，甚至引起高胆固醇和高血脂症，对身体健康和用脑不利。

大脑必需的营养素

从事创造活动的人，大脑必需的营养素是蛋白质、卵磷脂、维生素。

蛋白质是构成脑细胞结构的主要物质基础。在脑发育成熟以后，脑细胞中的蛋白质需要有新的蛋白质不断进行更新，尤其在脑力劳动紧张、脑细胞代谢旺盛时，更需要大量蛋白质补充。实验证明，食物中的蛋白质含量不同，对脑的活动能力强弱有显著影响。增加食物中蛋白质的含量，能增强大脑皮层的兴奋和抑制过程，提高脑力劳动效率。另外，蛋白质中的谷氨酸能消除脑代谢中所产生的氨对脑的毒害，对脑起保护作用。

脑内含量最多的脂类是卵磷脂。卵磷脂经过消化可以释放出胆硷。胆硷是合成乙酚胆硷的原料，而乙酚胆硷是神经冲动传导的介质，是大脑兴奋传导不可缺少的化学物质。所以，卵磷脂与脑的功能有关。

实验证明，服用卵磷脂的人，服用后比服用前精力充沛，脑力劳动效率高，创造活动的持久力增强，有神经衰弱的人也痊愈了。实验还证明，乙酚胆硷与短期记忆有关。而抗胆硷药物能干扰短期记忆。所以，创造主体应该多吃点含卵磷脂丰富的食物。

对脑最有影响的维生素是维生素 B，它能促进碳水化合物的代谢，有保护神经系统的作用。维生素 C 是蛋白质和糖进行正常代谢不可缺少的物质。维生素 B 有保护和镇定神经的功效。

创造主体大脑所需的营养，一般可以从大豆、鸡蛋和奶类、鱼和虾、肉、蔬菜和水果中获取。

大豆含有高达 40% 的优质蛋白，与鸡蛋、牛奶的含量差不多。如果把大豆与肉类、蛋类混合食用，营养价值更高。食用大豆是获取优质蛋白最经济的办法。500 克干大豆里含有 200 克蛋白质，可以满足两个半人一天对蛋白质的需要量。

大豆中还含有适合创造主体需要的脂肪，含有卵磷脂。此外，维生素 B、钙、铁也很丰富。这些都是人体中比较缺乏而对脑有重要作用的营养成分。

鸡蛋和奶类是优良的蛋白质食品。蛋黄中含有大量卵磷脂，卵磷脂经过消化，释放出丰富的胆碱，胆碱与脑组织中的乙酸发生反应，生成乙酞胆硷，使脑细胞间信息传导迅速，加强记忆效果。蛋黄中还含有丰富的钙、磷、铁以及维生素 A、维生素 D、B 族维生素，这些都是创造主体必需的营养成分。

实验证明，每人每日摄取 80 ~ 120 克鸡蛋，就能满足必需氨基酸的供应。创造主体每天吃 1 ~ 2 个鸡蛋，再配合吃一些大豆最为有益。奶类和蛋类一样，也含有丰富的动物蛋白，是创造主体从事创造活动时极好的食品。

鱼类蛋白质含量为 15% ~ 20%，和肉很接近，钙磷含量比肉高。维生素 B 也比较多，其脂肪大多名不饱和脂肪酸，易消化，吸收率可达 95%。虾皮中的蛋白质含量也很高，又很经济。多吃虾皮是一种获得动物蛋白质的好方法。

瘦肉完全是蛋白质。肉内含有香味物质，可以刺激食欲，促进消化液分泌。

蔬菜和水果是维生素和钙磷铁的主要来源，尤其是绿叶菜和橙黄色蔬菜更好。

此外，在花生米、核桃仁、松子、棒子、葵花子和芝麻等食品中也都含有丰富的蛋白质、卵磷脂、不饱和脂肪酸、无机盐和维生素等营养成分，适当吃一点，对大脑也很有好处。

空气对脑功能的影响

广大的中小学生一般都有这样的感觉：当来到海滨、山林、泉边、湖畔、花园散步时，会感到心旷神怡；当走进一个窗明几净、在美观整齐的教室时，会感到神清气爽；而当置身于一肮脏杂乱的环境之时，则会感到焦躁不安，这些都是外界因素对心理的影响。

“空气清新精神爽。”空气中含有氧气、氮气、稀有气体，同时混杂有二氧化碳和水蒸汽。其中，氧气对脑功能有特殊意义。

人体代谢过程离不开氧气，营养物质通过氧化，才能放出能量，供应机体需要。脑的代谢率很高，耗氧量也很大。供氧不足，不仅使大脑的创造活动效率降低，而且可能造成丧失记忆和判断能力，造成其他功能障碍。

在人体各种组织器官中，以大脑对缺氧最敏感。当严重缺氧尚不致引起其他组织损伤或坏死时，脑组织便可发生死亡。因此，必须经常注意给大脑以充足的氧气供应。创造活动场所必须空气清爽，睡眠时卧室内的空气也必须流通，以保证大脑能充分地消除疲劳。

使大脑得到充分氧气的一个好办法是到户外去，到大自然中去。大自然中的花草树木，每时每刻都在进行呼吸，不断把二氧化碳吸人体内，通过叶绿素的光合作用释放出大量氧气。

大自然的空气中，除了有充足的氧气供应外，还有许多负离子，它能凋节神经系统的兴奋和抑制过程，改善大脑皮层的功能，提高创造活动的效率，防治高血压、心脏病、神经衰弱等疾病。

在不同场所的自然空间里，负离子的分布极不均匀。在大城市的房间里只有 40 ~ 50 个，在人烟稠密的公共场所更少得可怜。街头绿化地带有 100 ~ 200 个，在公园中有 400 ~ 600 个，在郊外旷野里有 700 ~ 1000 个，而在海滨、山谷、森林、瀑布等处，则可高达 2000 个以上。为什么在大自然的空气中，负离子如此之多，而在室内的空气中又如此之少呢？这是因为负离子在空间一经与尘埃（正离子）接触，负电荷即消失。大城市室内或人口稠密的公共场所尘埃多，因而使负离子数大大减少。而在大自然中，茂密丛生的植物是负离子的天然保护者。植物的尖头树冠、矛状叶片和圆锥花序，组成了自然界“接收天线”，专门捕获对人体有害的正离子，减少负离子与正离子接触的机会，因而使负离子能在大气中保存较长时间，在单位体积的空气中所含的负离子数目就多。

声音对脑功能的影响

声音对脑功能的影响有好有坏。悦耳的音乐，空谷的回音，美妙的鸟语，雨后的蛙鸣……能使人愉快神往，精神振奋，脑功能提高；而刺耳的乐声，交通的噪音，机械的振动，飞机的起落……则使人烦恼不适，精力分散，脑功能降低。

声音的强度是以分贝为单位测量的。人耳所能听到的最微弱的声音大约是1分贝，稳定的呼吸声和树叶摆动声大约是10分贝，瀑瀑的溪流声大约是20分贝，轻声的交谈声大约是20～30分贝，柔和的轻音乐大约是40分贝，中等说话声大约是45分贝，收音机和电视机播放的中级音量大约是50～60分贝，高声喧哗和办公室里的杂声大约是60分贝，城市大街的嘈杂声大约是70分贝，孩子们的叫闹声大约是60～80分贝，繁华小街的喧嚣声大约是90分贝，载重汽车的响声大约是90～100分贝，摩托车的吼叫声大约是105分贝，雷声大约是110分贝，扩音器扩大了声音大约是120分贝，喷气发动机发出的轰响声大约是150分贝，近距离内宇宙航行火箭发射的巨响大约是140～170分贝。

多大强度的声音使人感到合适？一般说来，创造主体喜欢生活在宁静的环境里，喜欢找一个僻静的地方进行思考，从事创造活动。环境安宁，有利于集中精力，还使人心情平静。一个长期生活在喧闹城市的人，来到安静的山村，顿觉如释重负，倍加舒适，得到很好的休息。

长时间的噪音对脑功能有不良影响。一般说来，60分贝是使人烦恼的界限。长期受到85分贝以上噪音的影响，会造成听觉失常。有人对在噪音达95分贝的环境中工作的202人进行了调查，发现有头晕的占39%，失眠的占32%，头痛的占27%，胃疼的占27%，心慌的占27%，记忆力减弱的占27%，心烦的占22%，食欲不佳的占18%，高血压的占12%。大于100分贝的噪音会使耳朵发胀、疼痛；超过115分贝就会引起大脑皮层功能严重衰退；噪声高达165分贝，会使一些动物死亡；如达到175分贝，就会使人丧命。噪音能使人的听觉细胞受到永远破坏，使各种器官功能失常，并使人过早衰老。

光线对脑功能的影响

光线会影响人的视力，这是人所共知的。但它会影响人的脑力吗？回答是肯定的。

经常从事脑力劳动的人和灯光接触较多。有的人主要在夜间通宵达旦地进行学习和工作，每天要在灯光下度过6~8小时，甚至更多的时间。所以，选择适合的光源十分重要。

光线对脑功能有什么影响？应该选择什么样的光源才能发挥最大的脑力劳动效率又不影响视力和身体健康？这是值得研究的问题。

首先，光线强度对脑功能影响较大。在阅读、写作、做实验或从事其他创造活动时，需要一定的照度，即光线的强度。照度太低，环境一片昏暗，物体的轮廓不清，颜色不鲜明，易使大脑皮层产生抑制；照度太高，会使人感到刺目、烦躁，影响脑力劳动效率。同时，太强和太弱的光线都会刺激眼睛，增加眼睫状肌调节的紧张度，容易引起视力疲劳，既影响创造活动的效率，又不利于眼睛的保护。

白天一般采用自然光。在户外选择一个环境比较空旷安静的地方用脑，不仅可以得到良好的自然光，而且可以呼吸到新鲜空气。此时应避免烈日直射，也要避免在过早的清晨和过晚的黄昏，在自然光照度不足的情况下在户外阅读。在室内采用从墙窗或天窗射入的自然光，对于窗口采光良好的建筑物，天气晴朗时，在自然光下进行学习或工作就可以了。若光照不足，需要适当补充灯光。

夜晚用灯光须有一定的强度。到底用多大强度为好，随灯泡种类、度数、电压大小、灯的位置、距离、采用灯罩情况以及室内摆设物对光线的吸收和反射情况而定。一般说来，用50～100瓦的白炽灯在1米的距离上照明，或用25～30瓦的台灯照明，比较适合于用脑和保护眼睛。具体一点说，日光灯40瓦灯管离桌面高145厘米，30瓦的140厘米，20瓦的110厘米，15瓦的65厘米，8瓦的55厘米比较合适；白炽灯60瓦灯泡离桌面高105厘米，40瓦的60厘米，25瓦的45厘米，15瓦的25厘米比较合适。

在阅读或写作时，用加灯罩的台灯照明，不仅可以增加需光照面积的亮度，而且可以使周围灰暗，突出写字台上的书籍文具，减少无关刺激，更易集中注意力。

一般来说，会客室要求亮一些，卧室要求暗一些，书房则只要求工作点的适度局部照明。在居住条件不具备这么多房间时，可以在一个房间内安排不同的光照强度。如写字台上灯光集中一些，摆放桌椅沙发的地方亮一些，摆放床铺的地方暗一些。如果有临睡前靠卧在床上写读的习惯，可以再配一个床头灯。通过配备不同强度和种类的光源，使屋内此明彼暗，并可进行瞬时调节，就能做到工作、学习、会客和休息互不干扰。

其实，灯光的种类对脑功能也有较大的影响，并会进一步影响思考创新精神的培养。随着灯光源科学的发展，灯光的种类越来越多。目前常用的有白炽灯（即一般灯炮）和荧光灯（即日光灯）两种。白炽灯发出的光同阳光相差很远，不仅强度不及阳光，而且颜色只有黄橙红三种。需要在灯光下辨别颜色时，不宜用这种灯光。

荧光灯是根据人的肉眼对于黄、绿光最敏感而设计的。它主要发射这两种光线，所以又称白色冷光灯。

经常用于看书写字的台灯，宜采用白炽灯，配上不透明的灯罩，而不宜采用荧光灯，因为荧光灯辐射的光通量是随着交流电变化而显著变化的。在交流电的电流经过零点时，灯管仅有荧光粉发出一点余辉。实际上在50赫交流电路中的日光灯，每分钟要闪烁6000次。虽然由于闪烁的频率快，人的肉眼主观感觉不出来，但仍容易引起眼睛和大脑的疲劳。白炽灯则没有这种弊病。而且白炽灯也没有荧光灯镇流器发出的嗡嗡声，环境更加安静。

不论是何种灯光，毕竟同自然光不同，它或多或少会对人体健康带来一些微妙的影响，创造主体每天要在大自然的阳光下度过一定时间，并合理使用灯光，以减少灯光对健康的不利影响。

最后，光线照射的方向对脑功能也有影响。一般说来，阅读和写作时，光线最好从左上方射入，以避免光线直射眼球和避免用右手写字时手的阴影遮光。极少数用左手写字的人，光线以从右上方射入为好。在光线柔和不刺目的情况下，也可从前上方射入。

由于光线照射方向不当而引起眩目，会影响用脑效率，并影响视力。造成眩目的原因有两种：一种是光线直接射入眼中引起；一种是光源的闪烁，通过桌面和桌面上的书籍用品反射进入眼睛而引起。为了避免眩目，灯的光源要略高于眼睛，灯的位置不能放在正前面，一般放在左上方为宜。

颜色对脑功能的影响

颜色对人体健康和大脑功能的影响已被许多事实证明。有的颜色悦目，使人愉快；有的颜色刺目，使人烦躁；有的颜色热烈，使人兴奋；有的颜色柔和，使人宁静。这都是因为不同的颜色以不同的波长通过视觉器官，传导到大脑所引起的情绪反应。

颜色通常分为两组，一组叫暖色，一组叫冷色。暖色有红、橙和黄色，是刺激性很强的颜色，能使大脑皮层处于兴奋状态；冷色有绿、蓝和紫色，是刺激性不太强的颜色，能使大脑皮层处于相对平静状态。实验证明，淡灰绿色和淡灰紫色可以使人感到平静，易于消除大脑的疲劳，适于从事创造活动的工作室和学习室使用。

各人对颜色有不同的喜爱和感受。有的人喜欢暖色，在偏暖色的环境中精力充沛，大脑功能好；有的人爱用冷色，在偏冷色的环境中更适于用脑。

因此在调配创造活动场所的颜色时，要考虑各人的不同情况。如有的人爱用浅蓝色台灯罩；有的人爱用淡绿色台灯罩；有的人爱用橙色或粉红色台灯罩。只要感觉舒适，都有利于用脑。一般说来，创造活动环境的色彩不宜过于强烈，不宜用红、黄、蓝三原色，而以复色或间色中比较轻柔的色调为好。

大自然中各种植物所构成的绿色世界，对人的神经系统、特别是大脑皮层是良性刺激，能使疲劳的神经系统在功能上得到调整，使紧张的精神得到缓和。创造主体在创造活动之余，到绿草如茵的园地去休息，到绿树成荫的大道去散步，到郁郁葱葱的林间去漫游，不仅能够舒松精神，消除疲劳，而且能够启迪灵感，丰富想象力。

如何延缓大脑的衰老

同一切有生命物质一样，人的大脑免不了要由生长发育走向衰老死亡。这是不可抗拒的生物法则，是不以人的意志为转移的客观规律。人不能违背这个规律，使大脑永不衰老，但可以顺应这个规律，采取有效措施，延缓大脑的衰老。

延缓大脑衰老最有效的办法就是经常用脑。“脑子越用越灵”，“用进废退”这一规律对脑也适用。长期缺乏体力活动，身体各肌肉、组织、关节等就会发生“废用性萎缩”。同样，长期不从事脑力活动，大脑也会发生“废用性萎缩”现象：思维迟钝，记忆力减退，精神萎靡不振，大脑容易走向衰老。反过来，经常从事脑力活动，使大脑的代谢旺盛，功能不断受到训练，则可使思维敏锐，记忆力增强，精神振奋，大脑不易衰老。大脑的紧张工作开始得越早，持续时间越长，脑细胞的老化过程就越慢，所以，经常用脑，多用脑，不仅是增长才智的途径，而且是延缓脑衰老的途径。

人是否衰老取决于大脑是否衰老。有学者曾做出这样的统计。挑选16世纪以后在欧美出现的400名杰出人物，分成天文学家、哲学家、数学家和诗人等21类进行寿命研究。这400人的平均寿命为66~67岁，其中寿命最长的是大量用脑的发明家和科学家。这种人的平均寿命为79岁。英国物理学家、数学家牛顿85岁，美国政治家、科学家富兰克林84岁，英国发明家瓦特83岁，德国数学家、物理学家、天文学家高斯78岁，巴甫洛夫88岁，爱因斯坦76岁等等。

不经常用脑的人，从40岁以后，脑体积就逐渐缩小，空洞部分增大；而经常用脑的人，60多岁时的脑体积和30岁时脑体积的平均值几乎没有差别。

经常用脑可以改善脑血液循环，因而脑不易萎缩，不易衰老。科学家用超声波测定不同生活方式的人的大脑，结果发现，从事创造活动的人的大脑，脑血管经常处于舒张状态，使脑神经细胞得到良好的保养，不致过早衰老。

保持情绪乐观也是延缓大脑衰老的方法之一。健康、乐观的情绪，不仅使创造主体精神饱满，精力旺盛，提高创造活动的效率，而且可以延缓大脑的衰老。

中国宋代诗人陆游，一生坎坷不平。在仕途上，因主张抗金，屡遭排挤和罢免；在婚姻上，遭受过巨大的创痛；在生活上，常节衣缩食，十分拮据。但他活了85岁，晚年仍然保持旺盛的创作激情，写下大量动人的诗篇，其主要原因就在于他具有乐观豁达的胸怀，总是用微笑来迎接逆境。正由于他这种始终乐观的情绪，才使他的大脑得以长年不衰。

为了保持乐观的情绪，需要把大脑活动的主要注意力放在事业上，排除其他各种无关因素的干扰，抛弃私心杂念，这对延缓大脑的衰老有重要作用。“孜孜汲汲，唯名利是务”的结果，必然是“华其外而悴其内”。所谓“悴其内”，就是损伤身体，加快大脑的衰老。

保持乐观情绪还要正确对待各种不幸。人生活在复杂的自然环境和社会环境中，肯定会碰到各种各样的境遇，会碰到鲜花，也会碰到荆棘；会碰到喜事，也会碰到伤心的事。这时，要善于自我调节，善于迅速恢复乐观情绪。假如被裴哀情绪所笼罩，或让死的恐惧缠住自己，就会加快大脑衰老，加速智力衰退。

延缓大脑衰老，还应注意脑力活动和体力活动相结合以及劳逸结合。巴甫洛夫毕生热爱脑力劳动和体力劳动，他在一生中，不仅亲手做实验、亲手喂养实验动物，而且酷爱农业劳动，在创造活动之余，常去种地，因而每年在获得惊人的创造成果的同时，瓜果蔬菜也获得大丰收。他还喜爱游泳、划船等体育活动。由于他终生把脑力活动和体力活动紧密结合在一起，因而大脑常年不衰，88 岁时还在进行科学研究。

最后，延缓大脑衰老要养成良好的生活规律。规律生活是指每天科学地安排 24 小时，定时起居作息，周而复始，年得一年，日复一日，这是延缓大脑衰老的有效保证。

许多年过古稀而脑力不衰的人都有时钟般规律的生活。德国诗人海涅对德国哲学家康德的生活做过这样的描述："我们倘若把这位带乡下佬气的康德先生与寺院的大自鸣钟相比，那么，二者之间究竟哪个较为冷静、较为规则，实在不易判断。起床、喝咖啡、写稿、念讲义、吃饭、散步都是在一定时间用一定的方式进行着。他穿一件灰色外套，拿一根手杖，在菩提树下的街道上开始作所谓'哲学家的散步'的时候，邻近的人们就都知道此刻是四点三十分了。哥尼斯堡的市民见到他，一面行礼，一面对准自己的钟表。"

年龄不仅由生活的时间所决定，而且还由生活的方式所决定。生活有规律，大脑活动也就有规律，定时兴奋，定时抑制，不过度兴奋，也不过度疲劳，自然就能延缓衰老。

如果广大中小学生按照科学的方法来保护大脑、开发大脑，那么你就将会有比别人更优秀的机体素质，也会有比别人更具思考创新精神和创新能力。

思考创新精神与创新智能

人类智能的本质

人的思考创新精神是以机体素质为基础的。但是，并不是说有了良好的机体素质，就一定能够形成思考创新精神。要形成良好的思考创新精神，还需要具有良好的智能基础，尤其是创新智能基础。

大自然以亘古的力量和漫长的时间孕育、创造出人这个最伟大、最神奇的作品。但是，大自然在创造人、改造人的同时又被人所创造、所改造。人作为大自然的对立物，从诞生的那一刻开始，就以大自然的主人的姿态站立起来，以自己独特的创造智能进行创造活动。一部人类文明史就是人的创造智能的结晶。人类的文明史实质就是人的创造智能的发展史。因此，可以这样说，没有创造活动，便没有人类文明；而没有人的创造智能，便没有人类的创造活动。

人的智能是人认识世界和改造世界的才能和本领。它既是物质长期演化的结果，更是人通过不断的创造实践获得的，因此受社会历史的制约和环境影响。人的遗传提供了智能发展的可能性，环境决定了发展的现实性。

人的智能是人类认识世界和改造世界（包括人类自己在内）的才智和本领。人每天都是在做着各种各样的事情，除了普通的生活活动以外，还要进行认识社会、改造社会，认识自然、改造自然和认识自己、改造自己的学习、实践活动。这些学习、实践活动充分地表现了人所特有的才智和本领。

人的才智和本领包括“智”和“能”两种成分。“智”主要是指人对事物的认识能力；“能”则主要指人的行动能力，也就是能作能为而且富有成效的能力，包括种种技能和正确的习惯等等。这种能力既可以以一种主观的形式存在于人的头脑中，也可以通过人的行动见效于客观。人的“智”和“能”是有机的统一体，两者紧密结合，密不可分。人的学习、实践及语言交往等活动都是“智”和“能”的统一，是人所独有的智能活动。

人的活动是有目的的、自觉的活动，一刻也离不开自己意向的主导。意向是人对待客观事物的一种心理活动。注意、欲念、意图、情绪、意志、理想等都是人的意向活动形式。但意向有积极和消极、恰当和不恰当之分。保持积极的意向、恰当的情绪和顽强的斗志等等，对人的智能的发展和发挥是十分重要的。

人的智能的特点主要是思想，而思想的核心又是思维。可以说，没有思维就没有人的智能，没有创造性思维就没有人的创造活动。

正是因为有了思维，人才能形成这样或那样较复杂的意向，从而主导着人的活动，表现出人所特有的自觉能动性。也正是因为有了思维，人不但可以认识眼前的事物，而且能够总结以往的经验，规划未来的行动。还正是由于有了思维，人才能制造、使用和改进种种工具，突破认识器官和行动器官的限制，大大提高了认识世界和改造世界（包括人类自己）的能力。总之，思维在人的全部智能中处于中心地位，起着关键作用。正是因为有了思维，人的智能才得以远远超出动物而产生质的飞跃，出现了思想、意识，从而使人成为万物之灵。

人类智能的形成

人的智能既是物质长期演化的结果，更是人通过不断的学习、实践获得的。因此，人的智能的发展受社会历史的制约和环境的影响。

首先，人的智能是物质长期演化的结果。人所生活的这个客观世界（包括人自己在内）是由物质构成的，而物质是由低级到高级、由简单到复杂不断发展变化的。地球的形成，生命出现和人类的诞生标志着物质世界发展的三个主要水平。在物质世界发展的三个主要水平中，人是生物演化的最高成果，它的出现使生命展现出最壮丽的一幕，成为物质演化的最大奇迹。

从主体因素上看，人之所以能够获得一切必要的智能，是由于已经具备了必要的物质基础，即肉体器官。这主要是指无与伦比的人脑、神经系统以及灵巧的双手和语言器官。人的一切智能都是在客观事物的作用下，人的智能肉体器官表现出特有活动的结果。

其次，人的智能是通过学习、通过实践获得的。人刚刚在这个世界上诞生的时候，除了啼哭、吸吮等本能和反射性活动外，什么真正的本领都没有。人通过遗传所获得的只是躯体的构造、形态，神经系统特别是大脑和感觉器官等的解剖、生理特点，也就是人的机体素质。在一定的机体素质的基础上，人必须在特定的社会生活中通过学习、亲身实践，才能获得必要的智能。

一个人具有良好的机体素质是非常重要的，它是人的智能发展的生物前提。一个人如果生来就是聋子，绝不会成为音乐家。但人的机体并不就是智能，正如健全的听觉器官并不就是音乐才能一样。机体素质作为人的生物前提，它的作用是有条件的、相对的。人的机体素质的个体差异虽然明显地影响着人的智能的发展，但并不能决定人的智能的发展。决定人的智能发展的方向和水平的，是人的学习和社会生活的经济和文化条件，特别是所受到的教育及个人的生活环境。这些条件不仅决定着人的智能的发展，而且也影响和制约着人脑和其他器官的发展。“狼孩子”的事例就有力地说明，虽然具备了健全的智能器官，但只要脱离了人类社会，就会失去人的特性，没有也不可能具有人的智能。

人的智能的发展受社会历史的制约和环境的影响。人凭着自身的智能从事各种创造活动，不断促进社会政治经济文化的发展，而一定的社会政治经济结构和文化水平，又反过来制约着人的智能发展的程度和继续发展的可能。

大量的历史事实证明，现代人的智能比古代人高多了。像嫦娥奔月、龙宫探宝这些中国古代的幻想，现在已经变成了现实。这些事实是不是说明现代人的大脑结构比古代人大有改进了呢？

脑科学的研究表明，早在20万年以前，人的大脑就基本上是现在这个样子。因此，人的智能的不断提高主要是由于社会政治经济的发展、科学的进步和文化的提高。如人对自己大脑的认识就是这样。古时候，人并不知道脑是思维的器官。古希腊哲学家亚里士多德就认为负责思想的器官是心脏。随着科学的发展，人才逐步认识到人的心理状态不是受心脏影响，而是和人的大脑密切联系。现在，人对大脑的认识已经进入分子水平，并且正在探索脑的更深、更高的奥秘。

如果没有社会政治、经济、文化的进步和科学技术的日益发达，人的智能的进展显然是不可能的。

由于人总是在一定的社会政治、经济、文化条件下生活，因而社会的重大变革必然对智能的发挥和发展产生深刻的影响。中国春秋战国时期百家争鸣的局面，欧洲的文艺复兴和产业革命，都是当时社会变革的产物。“海阔凭鱼跃，天高任鸟飞。”伟大的时代，必定产生生气勃勃、思想活跃、智能焕发、大有作为并启发后世的一代伟人。

人的智能的发展既受制于社会政治、经济、文化的条件，同时也受制于环境的影响。因为环境影响着人的生存和生活，人也在不断地影响和改造环境，在与环境的相互作用中发展着自己的智能。

人自从摆脱完全依靠自然为生的状况之后，在生产力还很低下的古代社会，就开始刀耕火种，进行着原始的生产活动，但这种活动对自然环境的改造极为困难和有限。尽管如此，人还是顽强地同自然作斗争，不断改变着生活的环境，同时也在这种活动中发展着聪明才智。中华民族的祖先在亚洲东方的土地上，利用自然、改造自然，不但创造了举世瞩目的四大发明，而且在农业、冶炼、土木工程、建筑、医学、天文、数学、文艺、哲学等各个方面都取得了辉煌的成就。大约两千年前，他们就扬帆出海，东渡扶桑；还修桥筑路，连接四方，从西安直到地中海的著名丝绸之路，沟通了东西方文明。

大量史实证实，中华民族具有高度智能，他们与世界上各民族一起，为人类生存环境的改善做出了应有的贡献。

随着近代工业生产的发展和现代化农业的出现，人对自然界的开发、利用、改造的规模和速度有了突飞猛进的增长。为征服自然而制造的各种工具，补充了肉体器官的某些不足，对过去不能达到的某些自然环境和间接环境进行创造，改造成了与人类密切有关的关联环境和直接环境。沙漠造绿洲，荒石辟果园，天堑变通途，宇宙任驰骋。人的智能不但使环境越来越社会化和人为化，而且还创造出许多自然界原来没有的东西，使人的生存环境扩大了范围，增添了内容，生活越来越丰富多彩。但与此同时，诸如三废污染，大量使用农药造成的生物圈平衡失调，以及战争带来的创伤等等，也使人类赖以生存和发展的环境条件恶化，对人造成不良后果。然而“魔高一尺，道高一丈”，人在认识和克服这些不良环境影响的同时，一定会进一步发挥聪明才智，创造出更美好的新环境。

决定智能发展的因素

人的智能的发展有快有慢、水平有高有低，造成这种差异的原因是什么呢？归结起来，不外乎遗传和环境两种因素。那么，哪一种因素起决定性作用呢？

对这两个问题，不同的人有不同的回答，其中有的观点截然相反。有人认为“龙生龙，凤生凤，老鼠的儿子会挖洞”；外国一位心理学家认为“一两的遗传，胜过一吨的教育”。这是百分之百的遗传决定论者。

然而有人却持相反的态度。中国古代学者墨子，看到染丝着色的情况，想起环境对人的作用，慨然说道：“染在青色的缸里就变成青色；染在黄色的缸里就变成黄色；放在哪种染缸里，就变成哪种颜色啊！”近代美国有位行为主义心理学家甚至说：“给我一打健全的儿童，我可以按照不同的要求，用不同的方法，把他们随意培养成医生、律师……或是乞丐、盗贼。”这就是典型的环境决定论者。

当然，也有不少人的看法并不那么极端。

为了解决这个问题，许多科学家耗费了毕生的心血，进行了大量的工作，想要找出有说服力的证据来。

为判定遗传因素对智能发展的影响，许多科学家对同卵生双胞胎进行了科研，从这些双胞胎一出生就进行跟踪观察的实验，研究同样的遗传因素是不是会使他们获得同样的智能。有科学家还进行家庭史的调查，研究上下多少代的一个家庭，由遗传而来的智能方面的共同之处。

为判定环境因素对智能发展的影响，也有许多学者认真研究寄养子的特点，看看寄养的儿童是不是与这个寄养家庭的亲生子女相像；也有学者去寻求科学家的分布与地区的关系，来分析社会和自然环境的差别对科学家出现多少的影响。对狼孩子的研究也很能说明社会和自然环境对人的智能发展的影响。

国外比较常用的一种研究遗传与环境影响的方法，是对各种不同血缘关系的人进行心理测验，然后看看同一类型的成对测试成绩是否相似。这种相似程度用统计上的相关系数表表示。结果表明，同卵双胞胎之间这种相关最为显著，异卵双胞胎次之，没有血缘关系的人之间则相关系数最低。这在一定程度上表明了遗传因素对智能发展的影响。

但与此同时，科学家也发现在同一类人身上由于环境不同，这种相关的程度也会有很大差别。在一起生活和成长的同卵双胞胎相似程度远远高于不在一处生活的同卵双胞胎；而没有血缘关系但在一处生活的两个孩子之间的相似程度，也远远高于既没有血缘关系也不在一地生活的孩子。尽管这类心理测量不见得能完全如实反映人的智能发展的水平，但关于环境和教育在智能发展中的作用还是得到了普遍的承认。

科学技术的发展使人知道了在性细胞的染色体里，含有一定数目的、占一定位置的遗传物质——基因，正是基因决定着下一代的不同性状。通过生物化学的研究，又知道了基因的主要成份是脱氧核糖核酸（DNA），贮藏着遗传信息和密码，使上一代的形态性状得以遗传给下一代。

20 世纪 80 年代以来，美国科学家曾对小白鼠进行了脑化学研究，发现早期经验能使白鼠的脑组织发生变化。生活在丰富环境里的小白鼠脑皮质比较厚、比较重、细胞体增大，脱氧核糖核酸和核糖核酸的比例有了变化，一些脑酶的活动量增高了，学习能力也增强了。这表明环境可能会影响遗传的物质基础。

科学技术的发展将使人对遗传和环境对人的智能影响的认识越来越深刻。现在，更多的专家主张要辩证地看问题，应研究这两种因素的交互作用。或许可以说，遗传提供了发展的可能性，而环境则决定了发展的现实性。

什么是创新智能

创新智能包括智力和能力两个方面，而且这两个方面并不是孤立存在的，而是相辅相成，互为整体的。广大的中小学生要培养思考创新精神，首先就要在生活和学习中不断地发展智力，培养能力。

智力，通俗地说，就是一个人是不是聪明，或者聪明的程度。智力是人认识客观事物，并依据获得的认识，去独立地、灵活地和创造性地做出有效行为反应的心理能力。通常通过注意、观察、记忆、想象、思维和操作的综合表现显现出来，因此，常称这些心理能力为智力因素。

在这个定义中，我们不难看出，它特别强调了智力的特征：独立性、灵活性和创造性。独立性是最根本的，只有具有独立性，才能主动地、不断进取地去认识客观事物，才可能自觉能动地去改造客观事物。灵活性是指在复杂变化的情况下能独立、顺利地分析问题和解决问题，灵活性是智力的直接表现。创造性表现在分析问题和解决问题的过程中，有所突破、有所创新，是智力的最高表现。

能力是指一个人能胜任某项任务的主观条件，是直接影响活动效率，使活动任务顺利完成的最必需的个性心理特点。包含认识能力和实践能力两大部分。能力是一个比智力更为广泛的概念。心理学家往往把智力看作是偏重认识方面的能力，它是从属于能力的，是能力一个组成部分。由于人的认识活动和实践活动是统一的，所以智力和能力是密不可分、互相联系的。两者既相互联系又相互区别，既相互独立又相互渗透。因此，不少学者将智力与能力合二为一，采用了一个大家更为熟悉又便于接受的称谓，称其为智能。

人的能力多种多样，可达120余种。总体分为一般能力和特殊能力两大类。一般能力是指各种活动都需要具备的能力。特殊能力是指某种专业活动中表现出来并保证某种专业活动获得高效率的能力。音乐能力、绘画能力、体育能力、表演能力、作战能力等可视为一般能力的专门化发展。创新是一种特殊的劳动，能力越强，创新所取得的成果也会越大。

从上面的叙述中，我们可以看出，在培养思考创新精神的过程中，实际上就是要发展创新智能。创新智能是指能胜任创新的主观条件，是直接影响创新效率，达到创新目标的个性心理特征。主要有注意力、观察力、记忆力、思维力、想象力和操作力。

广大的中小学生能否在将来的社会中成为创新性人才，在很大程度上与其创新智能有关。因而，要培养广大的中小学生的思考创新精神，很重要的一个方面就是培养和发展他们的创新智能。

思考创新精神与注意力

培养思考创新精神的目的是为了让广大中小学生能够在生活和学习中更好地进行创新活动。而创新活动是在一种高度注意状态下进行的。俄国教育家乌申斯基说过："注意是我们心灵的唯一门户，意识中的一切，必然都要经过它才能进来。"

注意是心理活动对一定事物的指向集中。在创新活动中，不论是聚精会神地思考问题，还是全神贯注地观察实验结果，创造者的心理活动一定指向集中于创新活动。

注意的两个特点是指向性和集中性。指向性表明人在认识事物的过程中，并非把所能感受到的刺激物都作为自己认识的对象，而是从诸多刺激物中选择具有现实意义的事物。这些选择出来的事物就成为自己认识过程指向的对象。集中性体现了人的心理活动反映某一事物所达到的清晰程度，因为人的认识过程不仅有选择地指向一定对象，而且需要长久地持续指向这个对象，保持认识的清晰、完整。集中就要抑制那些与该对象相对抗的东西。

在注意的时候，大脑皮层产生兴奋过程，巴甫洛夫对此有过一段绘声绘色、颇为精彩的描述："假如我们可以看穿颅骨，观察一个正在有意识地思想着的人的脑，又假如适当兴奋的地点是可以发光的话，那么，我们可以看到，在大脑表皮上有着一个光点在活跃着，它的边缘是奇幻的、波状的，它的大小与形状经常在变化着，而四周围都是或深或浅的黑影。"

在创新活动中，自始至终都离不开注意力的参与。

第一，创新活动的成功常出现在灵感之后，而产生灵感的条件是对问题进行了一段时间专注的研究，伴之以对解决方法的渴求。专注就是注意力的稳定性。所以说，创新上的突破必须依靠良好的注意力。

第二，创新也要有一定的机遇，如果不注意，创新的机遇就会从你的手指缝中溜掉。在伦琴发现X射线前，至少有好几个人都遇到过X射线作用留下的踪迹，但都由于注意不够或缺乏必要的注意，而失之交臂。伦琴注意到真空管旁被黑纸隔开的氰亚铂酸钡发出荧光，是否有一种人的肉眼看不到的射线存在呢？伦琴把无意中发现的现象转为注意，经过努力，X射线被伦琴首先发现了。

第三，创新是一种极为艰难的事业，不能坚持持续的注意，创新就可能半途而废。有些人已经走到创新成功的门口，在最后成功之前松懈了，放松了注意，创新也就以失败告终了。

第四，创新成果的社会价值，人们往往一时认识不到，这就难于使一项创新造福于人类，也不利于社会对它的承认。这时，创造者要善于运用注意的武器，使人们认识创新成果、承认创新成果。新奇的事物往往能引起注意，创造者要主动地、有意识地用创新成果本身去吸引人们的注意。贝尔发明电话后，开始并没有引起人们的注意，当然也无法显示它的社会价值。贝尔在几经周折之后，用向公众公开表演的方式，引起了人们对这个新鲜"玩意儿"的注意，电话才有可能成为对社会发展有益的工具。如果贝尔当年不运用注意这个武器，电话也许会长时间躺在实验室内，"叮叮铃"地被当作玩具呢！

第五，在创新教育中，要根据课程特点，研究教学艺术，力求使教学内容新颖有趣，使教学方法灵活多样，课堂生动活泼，从而引起受教育者的注意，并训练他们的持续注意力，培养良好的注意品质。不能把创造教育搞成死板的教条来灌输，而应在调动注意的状态下启发诱导，培养浓厚的创新兴趣，在创新教育中要善于调动思维，边学边思考，能动手搞点创新，并把它作为创新教育成果和考核，更能吸引注意力，取得教育效果。这一点不但是针对老师而言的，也是针对广大的家长而说。

从上面的论述中，我们可以看出，良好的注意力能使创造者集中自己的心理活动，提高观察、记忆、想象和思维的效率，可以这样说，善于集中注意力的人，就等于打开了智慧的天窗。所以注意力的培养对开发智力，培养各种能力，提高学习质量，取得创新成果，是必不可少的因素。

既然注意力这么重要，那么，广大的中小学生如何才能获得这种能力呢？它是与生俱来，一成不变的吗？不是。思考创新精神可以培养，注意力当然也可以培养。

兴趣和注意的关系很密切，培养兴趣是形成良好注意力的首要条件。一个缺乏兴趣的人，是很难有良好的注意力的，也无法进行创新活动。

加强意志品质的锻炼，养成因地因时注意的习惯，对自己要有控制能力，上课时就注意听，到图书馆就注意读书。神不守合、懒散疲沓和见异思迁对注意力的培养都是不利的。

要锻炼在不顺利不理想的条件下工作、学习的习惯。青年时代的毛泽东，故意到嘈杂纷乱的城门口读书，就是一种很好的锻炼方法。在正常、安静的条件下，一般人容易保持较好的注意，但在非常环境中，在对自己有引诱性的活动环境下，要保持注意高度集中很难。如果有意去锻炼，久而久之就能提高注意力。

从小事抓起，一点一滴地克服影响注意力的缺点。列宁告诫我们："要成就一件大事业，必须从小事做起。"他对自己也是这样要求的。青年时代的列宁因组织革命活动，被迫中断了学习，当他移居外地要继续升学时，距考期已经很近了。他集中全部注意力，排除一切干扰和娱乐的诱惑，把自己关进草地上的一间小棚屋里复习功课，终于以优异成绩考上了大学。这种良好的注意习惯伴随了列宁的一生，在他的《哲学笔记》里，不知道批了多少"注意"。

下面，请广大的中小学生来做两个注意力的小测验。

（1）一件东西（小闹钟、钥匙或小玩具等），仔细看 30 秒，然后闭上眼睛，试着把你对这件东西的印象详细地说出来。如果某些细节你还不清楚，请再看一遍，然后闭上眼睛再说；如此重复，直到把东西说得清楚为止。

（2）准备一张白纸，用 7 分钟写完 1～300 这一系列数字。测验前先练习一下，感到书写流利，很有把握后就开始。注意掌握时间，越接近结束速度会越慢，稍放慢就会写不完。一般写到 199 时每个数不到 1 秒钟，后面的三位数字书写每个数要超过 1 秒钟，另外换行书写也需要时间。要求在 420 秒内准确地写完 300 个数字。

测验要求：

（1）能看出所写的字，不过分潦草。

（2）写错了不许改，也不许做标记，接着写下去。

（3）到规定时间，如写不完必须停笔。

结果评定：

第一次差错出现在 100 以前为注意力较差；出现在 101～180 间为注意力一般；出现在 180～240 间是注意力较好的；超过 240 出差错或完全对是注意力优秀。总的差错在 7 个以上为较差；错 4～7 个为一般；错 2～3 个为较好；只错一个为优秀。如果差错在 100 以前就出现了，但总的差错只有一两次，这种注意力仍是属于较好的。要是到 180 后才出错，但错得较多，说明这个人易于集中注意力，但很难坚持下去。在规定时间内写不完则说明反应速度慢。将测验情况记录，与以后的测验做比较。

思考创新精神与观察力

观察是一种受思维影响的、系统的、主动的、有意的知觉活动，是有目的的、具有探索性质的知觉。像我们常说的勘察、侦察、调查、考察等大致都属于观察的范围。

由于人们的知识经验、思维方式、职业习惯、个性特点等方面存在着百人百样的差异，人们在观察事物的时候，会出现明显的不同。这种个体差异说明了人们的观察具有不同的类型。了解观察类型，对创新实践有益，更对创新教育和培养创新型人才有十分重要的现实意义。

根据观察的思维特点，心理学家将其分为了分析型、综合型和分析—综合型三种类型。

分析型观察：根据参与观察的思维特点，我们可以知道，分析型观察者特别留心于局部的细节，难以理解事物的整体意义，会在创新中犯“只见树木，不见森林”的毛病。一件创新成果，在它的创新过程中和取得初步成果时，肯定有许多不足，如仅注意细节而不理解它的整体意义，就可能使创新半途而废。

清末，外国人在中国修铁路，是出于侵略、掠夺或商业的目的，当然算不上真正意义的创新。但代表新兴事业的铁路，在中国两次遭到撤除毁灭的命运，并不是清政府抵制侵略，而是出于保守和愚昧，无法对火车做出正确的总体评价。

综合型观察：习惯对事物做出概括性的反映，注意事物的整体和主要部分，但却忽略了事物的局部和细节，并缺乏认真的分析。也就是“只见森林，不见树木”。这种观察也会导致创造的失败。

分析—综合型观察：这种观察既能注意事物的细节详情，又能理解事物的整体意义；既能得出结论，又能说明得出结论的道理。它恰好集中了上述两种类型观察的优点，又弥补亏它们的不足，是三种类型中较好的一种。创造者应努力把自己培养成这种观察类型的人。

根据观察所反映的事物的真实程度，心理学家又将其分为客观型和主观型两种类型。根据反映事物的真实程度，我们又可以知道，客观型的表现是在观察时，很少受自己主观见解或情绪状态的影响。在尚未掌握观察材料之前，不轻易想当然地做出任何结论，因而能够比较真实地、客观地反映事物。这是一种良好的观察类型。

主观型的表现是在观察时，常常受自己主观见解或情绪状态的影响，常用主观设想、体验和已有的结论去观察事物。所以，得出的结论也具有极大的主观性。因此，创造、发现、发明及任何一种突破和创新，都要学会客观观察。当然，培养思考创新精神也离不开这种客观的观察。

为了更好地培养中小学生的观察力，大家必须弄清楚发展观察力的标准和要求，即良好的观察有哪些品质。

观察的条理性，就是要有系统地、有步骤地进行观察。这样可以保证输入的信息是有条理的，这样的信息，便于智力活动对它们加工编码，提高智力活动的速度和正确性。

观察的敏锐性，就是在观察过程中，善于观察到一般人不易发现或容易忽略的那些东西，创造者可贵的独特之处往往就在这里。

观察的精确性，就是观察得仔细确切，不遗漏、不歪曲。

在培养思考创新精神的过程中，观察力起着不可或缺的作用。巴甫洛夫是一个善于创新的人，他深知观察在创新中的重要作用。在他的实验大楼的正面上方，书写着这位生物学家的警句："观察、观察、再观察。"他说："应当先学会观察。不学会观察，你就永远当不了科学家。"

爱因斯坦也曾说："理论之所以能够成立，其根据就在于它同大量的单个观察关联着，而理论的真理性也正在此。"观察是创新的基本手段，不具备良好的观察力，就无法开始创新。创新的过程从本质上讲，是矛盾的转化和统一过程。任何创新都起始于一定的矛盾现象。因为有矛盾的存在，解决矛盾就是创新。在航空发动机火焰稳定燃烧研究上有突出贡献的高歌，他之所以专心研究火焰稳定燃烧，是由于目前世界通用的V形槽火焰稳定器效率低，油耗高，发动机工作状况不理想，甚至导致飞行事故。这一系列问题亟待解决。高歌之所以从沙丘入手研究，是他观察到沙丘有一系列叫人一时无法理解的矛盾存在。观察的任务就在于系统地、全面地、细微地、如实地考察自然事物或社会现象，记录事实，加以概括，为寻找规律、揭露矛盾、分析和解决矛盾提供线索和依据。

在创新的基本要素中，观察占有重要的地位。观察是收集经验、事实、材料的手段。巴甫洛夫认为："事实就是科学的空气，没有事实，你们永远不能飞腾起来。"而这个观察结果宣布了传统的亚里士多德宇宙论的"死刑"（亚里士多德认为天体是一个坚硬晶莹的壳子）。弟谷的观察材料还提出一个新问题：推动天体运动并保持它们各自位置的原因是什么？这个问题最终导致了万有引力的发现。弟谷的成功应该归功于他的精微的观察。

精确的观察力是富于创造的人的心理特征。达尔文说过："我既没有突出的理解力，也没有过人的机智，只是在觉察那些稍纵即逝的事物并对其精细观察的能力上，我可能在众人之上。"的确如此，观察细微、注意差异是达尔文的特点。例如，他发现家鸭的翅骨比野鸭的翅骨轻，家养的动物耳朵下垂等现象。他甚至很有兴趣地记录下了他的第一个孩子降生之后的各种表现。他发现了动物和人类在表情动作方面有共同性。正由于达尔文这样大量的科学观察，使他写成了《物种起源》等划时代的名著。若离开了观察，没有大量的材料，达尔文不可能获得成功。

另外，一个人的创新意向，不是凭空产生的，不是关起门来冥思苦想就能获得的。广大中小学生要在哪一方面进行探求，都必须对其进行仔细和全方位的观察。

观察力对思考创新精神的培养如此重要，那么，它是不是也可以培养呢？不同水平的观察力使人的观察活动产生不同的效果，观察力通过观察活动本身是可以培养和提高的。

观察力的培养是一种能力的培养，而能力的提高是有积累性和渐进性特点的，因此，观察力的培养应由易到难，由简单到复杂，由现象到本质。先观察大轮廓，再观察细节；先观察静止物体，再观察变化现象；先观察显著特点、显著变化，再观察不显著特点和微小变化；先讲究观察质量，再提高观察速度，好中求快。

培养观察力不但需要循序渐进，还应及时强化。对观察的结果及时记录、及时评价，有利于激发观察的兴趣、培养正确的观察态度和良好的观察习惯，有利于及时纠正观察中的错误和遗漏、克服粗枝大叶的毛病。及时强化是一种反馈作用过程，当你知觉到某种现象以后，观察并没有结束，还要将这种知觉再回过去经实践检查。看观察正确与否，还要经过一个较长的时期加以检验。

观察力的培养是一种高级能力的培养，与掌握某种知识技能相比，它需要一个更长的培养和锻炼过程。这就需要长期进行观察活动，需要有一定的计划，养成勤于观察的习惯。没有恒心，不坚持长期的观察活动，观察力的发展是有限的。

另外，要学会被动观察的方法。观察，分为两种类型：一种是主动观察，它是有意识安排的；另一种是被动观察，它是一种事先意想不到的观察。当然，要想捕捉到这种事先意想不到的观察的快感，就需要养成良好的观察习惯。一旦养成良好的观察习惯，等时机一到，就会自然而然地获得观察结果了。

思考创新精神与记忆力

记忆是过去认识过的事物或经历过的事情在人脑中的反映。记忆的基本过程是识记、保持、再认和重现。人经历过的事物，都可以经过识记，作为经验在头脑中保持下来，并在一定的条件下，可以得到恢复，这就是再认或重现。

记忆的好坏常常用记忆力来衡量。记忆力是人脑储存和重现过去经验知识的能力。良好的记忆力能迅速记住必要的材料，并能及时正确地回忆，尤其是善于把所学材料与过去已有知识经验融合起来，纳入已有知识系统中，成为自己的精神财富，以便在需要的情况下，从记忆的仓库里检索出来。它是学习、工作乃至创新不可缺少的一种重要的心理品质。

记忆的品质是记忆力好不好的标志。记忆的六种品质，说明了良好记忆在质和量上所应具备的特征。它们是互相联系、彼此促进的。只有同时具备了这些品质的记忆，才能算是真正良好的记忆。

记忆的速度是记忆的敏捷性，能够在较短时间内记住较多的东西。

记忆的持久性是记忆的巩固程度，它的表现是记忆信息长时期保持在头脑里。

记忆的正确性指记忆信息不歪曲、不遗漏、不出错。

记忆的系统性是根据记忆内容体系去系统地记忆，使记忆信息有条有理。

记忆的广阔性是在博学的基础上，记忆有用的多方面的知识。

记忆的备用性是上述几种品质的综合体现，也称灵活性。对于大脑中所储存的信息，在需要时能很快回忆起来。

记忆是创新的重要心理条件，因为记忆是创新所必需的知识的库房，记忆为思维提供了信息。

我们将重点通过联想来谈起记忆与创新活动的关系。

联想是由一事物想到另一事物的心理过程。由当前感知的事物回忆到不在当前的有关事物，或由回忆中的某一事物又想到另一事物等等，可见联想和记忆有关联。客观事物总是相互联系的，具有各种联系的事物，反映在人的头脑中，便形成了各种联想的基础。联想在各种心理活动中具有重要作用，回忆就常常以联想的形式进行。同时，尽可能地形成或利用联想，是促进记忆效果的一种有效方法。

创新需要联想。联想在创新实践中产生，再由新的联想发展到创新目标的实现，这是创新活动的一个完整过程。除此之外，要获得联想，还必须具备良好的记忆力，从而掌握广博的知识。正如科学家泰勒所说："具有丰富知识和经验的人，比只有一种知识和经验的人更容易产生新的联想和独到的见解。"一个人知识越丰富，产生联想的可能性就越大，因为知识广博，才可将一种或几种科学的理论、方法运用到另一种科学上去，找出研究对象之间的内在联系，才可能在创新上有所突破。

那么，广大的中小学生如何才能提高记忆力，从而进一步培养思考创新精神呢？首先，需要掌握记忆与遗忘的辩证法。

没有遗忘就没有记忆，记忆和遗忘是对立的统一。正是遗忘了一些东西，才保证了更好地记住另一些东西，遗忘促进了记忆。

对信息进行合理的选择是提高记忆的先决条件。越善于选择信息，记忆就越有效。因此，要学会遗忘，至少忘掉下列几点：

要忘掉与创新主攻方向无关的东西，以保证记忆集中在主攻方向上，去攻克主要目标。

要忘掉那些与学习关系不大的琐事，专注于自己的学习。

要忘掉不必记住的信息。有的只要记住特征，可忘掉细节；有的只要记住要点，可忘掉次要的东西；有的只要记住线索，用时去查找，可暂时忘掉具体内容。

要忘掉不必用脑子记的东西，随时把要记的资料制成卡片，分类入档，或分类存入电脑。日积月累，只要手勤，会成为一个很理想的个人脑外记忆库，需用时随时查取，能大大提高学习效率。

在记忆过程中，忘掉要比记住更困难。因此，要想忘掉：一是要主观意向控制，要有毅力；二是要学会忘掉的方法，要做到注意力集中到主要问题上，抑制那些无关的兴奋点。通过长时间不去强化而使其暂时神经联系中断，该忘掉的事就慢慢消退了。爱因斯坦认为知识要灵活运用，而不是死记硬背。他认为有所失，才能有所得。只有善于主动地把某些内容摒之脑外，才能在大脑里留出空间保证那些该记的内容存入脑内，他还提出只有放弃一些死的知识，才能使自己的头脑轻松地去思考，让思维在知识的海洋里遨游。爱因斯坦是根据自己是一个自学能力很强的人的体会说了上述意见，我们不能把爱因斯坦的话生硬地照搬照用。对于正在学习基本知识、打下学业基础的学生来说，记住必要记的东西，是学习所必需的，这一点切不可误解。

其次，要学会灵活运用精确记忆与模糊记忆。记忆不一定必须精确，其实，“精确”与“模糊”各有妙用，这一点，对创新来说也很重要。

创新活动的结果是新奇的、前所未有的。创新活动的特点是应用到的知识面广、过程的随机性强、成功与失败的两极趋势明显。与创新相对的模仿则不同，有现成的成熟知识可以用，模仿过程中所遇到的问题一般有现成经验，模仿只是好一点还是差一点的区别。因此，创新所需的记忆要“精确”与“模糊”相结合，有时甚至更注意模糊记忆。随着科学技术的迅猛发展，知识激增已成为总的趋势，这就形成了知识激增与记忆力有限的矛盾。

在创造活动中，对于那些经常用到的知识和数据，必须精确地记住；而对于那些不经常用到的或比较繁杂的资料，只要大致记下在哪里可以查到即可。前者我们可以把它称为“精确记忆”，后者则可称为“模糊记忆”。说它“模糊”并非概念稀里糊涂，而是因为背不下来；说它“记忆”，是因为在什么地方可以查到，总还是记下来了。所以说，“模糊记忆”是一种涉及面大的方向性、线索性记忆。

在社会上，有成功的创新经验的人并不常是对答如流的“知识篓子”，他往往记住的是所需知识的纲目和印象，凭着它们去找到所需知识。达尔文在总结自己时说过这样一段话，堪称“模糊记忆”的最佳论述：“我有广泛的记忆力，但很模糊。只要含糊地告诉我，我曾观察过或者阅读过同我的结论相反的或者相符的一些东西，就足以使我留意了。过后我大概能想起在什么地方去寻找我的根据。在某种意义上，我的记忆力可以说是坏的，因为我从来不能把一个日期或一行诗记上几天。”

思考创新精神与想象力

什么是想象力？孙悟空和猪八戒就是人类的想象的产物，是人类凭借想象力创造出来的艺术形象。《西游记》中孙悟空为了制服铁扇公主，变成小虫钻进铁扇公主肚子里的情节，就充满了想象。因为人不可能进入另一个人的肚子里。一旦让我们的大脑插上了想象的翅膀，孙悟空在铁扇公主肚子里说话、打拳、翻跟斗，甚至爬到她的嗓子眼儿检查是不是有芭蕉扇的描写，竟那样的惟妙惟肖。

我们没见过兽头人身的人，却见过兽和人，并感知过各种动物的特征。想象就是人脑在过去感知的基础上对所感知过的形象进行加工、改造，创建出新形象的心理过程。

想象是创新的翅膀，这是因为创新活动是从生活中尚未存在的事物进行想象开始的，因此，想象是创造新事物的翅膀。爱因斯坦想象人追上光速时的情景而创造狭义相对论，又在想象人在自由下落的情景中创立广义相对论。他对想象力是推崇备至的：“想象力比知识更重要，因为知识是有限的，而想象力概括着世界上的一切，推动着进步，并且是知识的源泉。严格地说，想象力是科学的实在因素。”哲学家康德说得更加明确：“想象力作为一种创造性的认识能力，是一种强大的创造力量，它从实际自然所提供的材料中，创造出第二自然。”

广大的中小学生如何才能激发和培养想象力呢？首先，建立正确的世界观、人生观，培养辩证的思想方法，积累知识和经验，保持和发展好奇心，培养善于捕捉直觉和灵感的本领，陶冶健康而丰富的情绪，培养广泛的兴趣，涉猎多学科领域，游历于文学艺术的百花园，不断丰富自己的语言及其他表达能力，都有助于激发和培养想象力，其中有关的一些内容，我们在前面都不同程度地涉及了，这里只谈谈以下几点。

其次，广大的中小学生应在学习的过程中涉猎多种学科。李政道就说过："一个科学家，假如你只知道自己搞的那一门，对其他事情一概不知，你的思维怎么能打开呢？因为好多东西都是互相联系、互相启发的。"这不仅是对科学研究说的，任何创新皆如此。而且，这还不仅仅是开阔思路的问题，更重要的是对创新品质和素质的塑造有很好的作用。培根是这样谈的："历史使人明智，诗歌使人巧慧，数学使人精细，博物学使人深沉，伦理学使人庄重，逻辑与修辞使人善辩。学问变化气质。不独如此，精神上的缺陷没有一种是不能由相当的学问来补救的，就如同肉体上各种病患都有适当的运动来治疗似的。"

其实，中小学生的课程本身就是一个多学科的训练。但是，很多同学都有偏科的现象，这就需要注意了。

再次，广大中小学生，尤其是中学生要提高自己的文学修养、语言能力。这是因为想象是构想新形象的心理过程，而新形象是通过文字、语言来构成并表达的，语言是思维的工具，工具贫乏是无法构筑高耸入云的大厦的。这就需要文学的修养。作家秦牧说过："我国许多卓越的自然科学家、数学家，都不是重理轻文的人，而是理、文并重的人。他们之中，有些人的文学素养甚至比若干文学工作者还要好"。法国作家雨果颇有见地地说："人的精神中有三把开启一切的钥匙：数目、文字和音符。认识、思考、梦想全在这里。"这里的"梦想"就是想象。

最后，要学会大胆猜测。爱因斯坦说过，在科学基本关系和概念的创新性选择上，"多少有点像一个人在猜一个设计得很巧妙的字谜"那样。因此，创新中含有猜测。一些创造心理学研究者在分析创新性个性的特征时，也指出其中的一个特征是基于一种冒险精神的科学猜测。

爱因斯坦在大学时代就采用了自由的学习方法，他任教后，对学生的态度也是那样毫无拘束、轻松和随和，曾使一些教授颇感惊讶。其实爱因斯坦的做法是保证他所历来重申的"外在自由"和"内心自由"，他认为，要创造外在自由的条件，以促使学生形成内在自由的思想风格。他呼吁教育界不要扼杀青年人“研究问题的神圣的好奇心”。看来，鼓励创新者的自由思考对培养想象力是十分有利的。科学家普列斯特利指出：“凡是能自由想象并把互不相干的各种观点结合起来的人，就是最勇敢、最有创造性的实验者。”

想象力对于培养思考创新精神既然如此重要，那么，中小学生就应该千方百计地提高自己的想象力。而想象思维能力的提高，必须通过不断实践和训练，成为一种素质。其训练方式有两种：一是一般训练，二是强化训练。

想象思维的一般训练就是个人随时随地都可以进行的自我训练。学习、生活、娱乐的各个方面，都可以成为训练的机会。这种训练与实际学习和生活中不自觉的思维能力的提高有所不同，它是有意识的、自觉的。

例如，在学习中，你可以用质疑的眼光去看待书籍上写的或老师讲的观点、方法，想象用另一种观点、另一种方法，甚至相反的观点、方法会出现什么样的结果？在生活中这种训练更是随处可以进行，你可以想象房间换一种办法布置将会怎样？做饭、炒菜改变原来的程序行不行？也可以想象多种锻炼身体的方法、休息的方式。至于娱乐，其本身就包含了许多想象力的训练，因为只有发挥了想象力，人们才会觉得好玩，也只有比一比谁的想象力更丰富、来得更快，才有趣味性、竞争性。认识到这一点很有意义，因为平常我们只是认为玩就是玩，并没有想到其中有这个道理。

想象思维的强化训练是指在较短时间内，完成大量的有关想象力的训练科目的训练方式。一般是采取教师指导或几个人互相训练的方式进行。强化训练一般又分为再造性想象训练、创造性想象的训练和幻想性想象训练。

再造性想象是根据外部信息的启发，对自己脑内已有记忆表象进行检索的思维活动。我们平时的作业、考试中处理的大量事务，都经常用到再造性想象，所以操作起来都很熟练，不存在什么困难。当然，只满足于再造性想象是远远不够的，但再造性想象毕竟是大量需要的，而且人们只有在此基础上，才有可能进一步发展到创造性想象。这方面的训练可以限制时间，以达到迅速、熟练的效果。

下面有几道练习题，广大中小学生可每题阅读 2 ~ 3 分钟，然后看看你能想象到什么。

（1）由于大气污染，南极上空的臭氧层已形成空洞，并逐渐增大，将使地球上的生命受到紫外线的伤害，对此你能想象出什么情景？

（2）如果我国放松计划生育这一基本国策，到21世纪中叶，我国的经济和社会生活将会出现哪些问题？

（3）现正在研制一种可以进入人体施行手术的微型机器人，你能想象它的工作状态吗？

（4）如果我国西北地区的沙漠和黄土高原全部被森林覆盖，你能描绘出我国北方生态环境的变化吗？

（5）听到别人去“新马泰”旅游回来后的介绍，你能想象出哪些热带风光特点？

（6）计算机能够识别人的语音，根据语音的指挥来运作，但也还有一些没有解决好的问题，你能想象出错的时候会发生什么情况吗？

（7）驾驶汽车时不系安全带，可能发生伤害。假如你是司机，又没有系安全带，在紧急刹车或与其他车辆相撞时会发生什么情景？如果系好了安全带呢？

（8）你能想象原始社会开始时人类“茹毛饮血，钻木取火”的情景吗？

创造性想象是通过对已有记忆表象的加工、改造、重组的思维操作活动，从而产生出的形象。核心是必须有新的形象产生，否则就不能称为创造性想象。也就是说，几乎所有的创新活动都离不开创造性想象，所以，创造性想象的训练是十分重要的。

下面有几道练习题，请广大的学生朋友在给出信息的基础上，大胆想象，形成新的形象，并提出解决问题的方法，并将你的结果记录下来。

（1）想象一下可能存在的“外星人”的外表和动作特征。

（2）常用的洗衣机中，衣物和水同时转动，所以洗涤效果不理想，你能想象出改变这种情况的新的洗涤方式吗？

（3）开发大西部需要改造沙漠，为了使沙漠绿化，你有什么新的设想？

（4）塑料制品废弃后，造成了“白色污染”。你设想一下，有哪些好的解决方法？

（5）大城市汽车的数量增长迅速，交通拥挤的现象越来越严重，除了现有的办法外，你有什么新的办法能较好地解决这一问题吗？

（6）居家防盗是一个人们十分关注的问题，除了安防盗门，你还能想出哪些高招？

（7）假冒伪劣商品很多，防不胜防，你能提出防止假冒伪劣商品的几条新措施吗？

（8）和美国、日本等国相比，我国许多独生子女生活和适应环境的能力很差，你能就此提出几条有效的建议来吗？

创造性想象结果应当是具有新颖性和可行性的。幻想性想象可以看作是创造性想象的一种极端形式，其特点是幻想的结果远远超出了现实的可能性，甚至是很荒谬的，但其中也包含了创新的成分，或者是创新的先导。

从这个意义上说，没有幻想就没有创新。因此，幻想性想象是有益无害的。在进行幻想性训练时，应当大胆地任意想象而不必考虑能否实现。如果想象的结果明显可行，那你的想象很可能就不是幻想。这一点在训练时要特别注意。

以下有几道练习题，请你在明确问题之后，大胆进行想象，不要顾及能不能实现，也不要管你的答案是否完整，只要想到，就用简单的文字记录下来。

（1）由于雨量不均匀，世界上有的地方发生旱灾，同时有的地方却发生洪涝灾害，你有什么办法解决这个问题？

（2）机械加工中大量的工序都是切削，加工过程中损失了相当多的材料，你能否想出不同甚至相反的加工方法，从而大大节约原材料和能源呢？

（3）海洋占了地球面积的70%以上，在人类居住越来越拥挤的情况下，你对海洋有何新的想法？

（4）你对开发新的能源，如太阳能和地热，有什么更有新意的想法？

（5）你想想你家现在的居住条件和环境，你对于未来的住房在舒适程度、节约能源方面有什么更完美的想法？

（6）你可否想象一下，如果自己要用少得多的时间读完从小学到大学的课程，或者用相同的时间就达到博士水平，可以采用哪些更好的接受教育和学习知识的方法呢？

（7）除了现有的使用磁卡之类的方法，你有哪些可以减少甚至取消货币流通的办法？

(8) 可以预见的是，在未来的社会里，机器人的使用将会十分普遍，每个人都可能拥有一个以上的机器人助手，那么，你想要什么样的机器人呢？你又将和你的机器人干什么呢？

由于想象力对培养思考创新精神具有非常重大的意义，我们还将在下文中用专章讨论这个问题。

思考创新精神与操作力

人类社会发展史已经证明，人的智能水平的标志之一，是一个人所具有的操作能力。近代科学的研究和实践也指出，人双手绝妙无比的动作和敏锐的感觉，会迁移到思维中去。这是为什么呢？

首先，主要是双手凭借动作和感觉，使思维精确和明确，帮助注意和观察，强化记忆，因此，操作力的培养对人的大脑思维和智力发展有着重要的促进作用。前苏联的教育家苏霍姆林斯基说手的动作“是意识的伟大培育者，是智慧的创造者”，又说“能力和才干”可以看成是“来自他们的指尖”。这说明：通过操作可以提高智能，并使操作力在智能中占有一席之地。

其次，从生理机制上进一步分析，操作技能是通过骨骼肌的运动和与之相应的神经系统的活动来实现的。人体用以进行各种操作活动的骨骼肌有600块，在中枢神经系统的统一调节下，这些肌肉相互配合，完成各种动作。仅人的双手就能做出多达几十亿种动作。而且，人手动作的一些特殊功能，即使世间再灵巧的机械，也无法实现。双手动作时，在脑与手之间，存在着千丝万缕的联系。大脑的创造性区域受到刺激而活跃起来，人的智力也就因手的动作得以发展。因此，苏霍姆林斯基又说：“手使脑得到发展，使它变成创造的、聪明的工具，变成思维的工具和镜子。”

再次，人们一直把属于认识方面的注意、观察、记忆、思维和想象与属于实践方面的操作看作一个整体概念上的智力。常说的“心灵手巧”、“眼明手快”、“闻风而动”等，以及“急中生智”而产生的操作和动作，都说明人们习惯上也把操作力看成是聪明和智慧。

最后，从创新的角度看，“良好的开端是成功的一半”。创意再好，也只是“良好的开端”。创新的成功，必定要通过操作来最终实现。

那么，学生朋友们应该如何来培养自己的操作力呢？操作力是不断形成和发展的，它的形成一般要经过3个阶段：掌握局部动作阶段、初步掌握完整动作阶段和动作协调完善阶段。培养操作力的基本途径是练习。熟能生巧就说明了练习在操作力培养上的作用。

勤奋、苦练、拼命练，固然可喜，但要使练习真正有作用，还必须具备以下条件。不然练习也会事倍功半，甚至完全失败。

首先，要明确练习目的和要求。任何一种练习都有自己特定的目的和要求，童弟周从青年时代起，就目的非常明确地练习剥去细胞外膜的手术。他为了操作准确、迅速，常常长时间坐在显微镜前练习。明确了目的和要求，就有了练习所遵循的方向，并激发了练习的内部动因，有助于效果提高。

其次，要掌握正确的练习方法和有关的原理。练习的效果还在于正确的方法，尽量避免盲目性。在开始练习之前，指导者要讲解正确的操作方法，进行示范，在学习者头脑中留下正确而清晰的印象，这是很关键的。在练习过程中，指导者要加紧监督和检查，把练习者的毛病消灭在萌芽之中，等他们形成某种习惯性痼癖动作后，再来纠正就为时已晚。指导者也应使练习者了解操作原理，不然，练习者就只会重复指导者的操作，自己缺乏来自于理解的主动操作力和创新力。

再次，要及时了解练习的结果。了解练习的结果，及时得到动作的反馈信息，是掌握技能和操作力的重要条件。让练习者自己懂得怎样做得到的是正确结果，怎样会使操作失败，自主地学会操作。这可以提高练习质量，增强自信心和自觉性。

最后，练习的时候，还应该注意要有计划地循序渐进。注意按照操作力形成的3个阶段，有步骤地练习，还要注意因材施教。

综上所述，一个人的思考创新精神，是主体在创造活动中表现出来、发展起来的各种智能的总和，主要是指能产生新设想的创新思维成果的注意力、观察力、记忆力、想象力和操作力。创新思维能力是在智能基础上形成的。所以，思考创新精神的培养和创造力的开发，是丝毫也离不开创新智能的支持的。

思考创新精神与创新潜能

对创新潜能的研究

现代科学中，思维与创造都成为跨学科的综合研究对象，研究创造心理已成为众多学科的纽带和目的。在人才学中培养创造性的人才，教育学中为创造而教，在电脑研究中模仿人工智能……在各个领域中无不需要创造性的开拓人才。

在神话和传说时代，创造力的第一次大爆发如悬崖瀑布倾泻人间，以它那散珠碎玉为人类生活进行了理想的装饰。以后进入哲理思辩及原始技术实践时代，又如山涧小溪汩汩流淌，润泽了哺育生灵的辽阔土壤。东方曾一度超过西方，我国战国时《素问·八正神明论》和南朝梁刘勰《文心雕龙·神思》便代表这一段辉煌的创造心理思想和理论概括。近代，西方心理学崛起，以 1879 年冯特建立心理实验室为樗发展为现代心理学。与冯特同时的英国学者高尔顿对创造心理作了较为系统的研究，著有《遗传与天才》(1869 年)。他认为才能可以测验，并进行了大量的调查，开拓个体心理学的研究，他创立优生学，希望能提高全人类的素质（其中包括智力与创造能力)，他在这方面的贡献超过了冯特。继高尔顿之后，贾斯特罗发表了《发明的心理》，里布特发表了《论创造想象力》，这个时期（1870 ~ 1907 年）可称为创造心理研究的第一阶段。

第二阶段为 1908 ~ 1930 年。这一阶段中，心理学家把创造心理划入人格学之中，对创造性进行了个性心理分析。如法国数学家彭加勒的《论数学上的创造》，美国心理学家华勒士的《思维的艺术》，英国斯皮尔爱的《论创造心理学》等。其中华勒士提出的创造过程中准备、孕育、显扬和校核四个阶段至今仍是创造心理学的基本理论之一。

第三阶段为1931年~1950年。这一阶段中，哲学家和心理学家们开始研究创造的认识基础。克劳福德在《创造思维法》一书中，提出了各种具体的创造性思想方法。沃特海姆发表了《卓有成效思维》一文，从此创造性研究从偏重动机转向认识与思维方面。这时，学者们对华勒士提出的创造四阶段作了实验性研究，还探讨了发挥创造力的年龄问题，对创造心理学的发展起了推动作用。

1936年美国通用电器公司首次开设了“创造工程课”，对职工进行发明创造教育。1941年美国创造心理学家奥斯本出版了重要著作《思考的方法》，他还创办了一所专门教授创造心理学的大学，从理论和实践上进行了有益的探索。20世纪40年代以后，美国、英国、联邦德国、瑞典都先后开展创造心理学的研究。

完形心理学的创立者马克斯·韦特墨，探讨思维心理学，其成就见于他1945年发表的《创造性思维》。在这部著作中，他抨击联想主义与机械学习等传统观点，提出了自己独到的见解。

从20世纪50年代起开始进入第四阶段。美国心理学家吉尔福特在1950年美国心理学年会上以《创造性》为题作报告。他指出，在《心理学摘要》刊物上已发表的文章中，载有创造性研究论文仅占2%，以强调对这个课题的研究。以后，这方面的研究获得较迅速的发展，从1950年至1965年的15年中，创造研究的论文比1950年以前的23年增加了17倍。英国科学家贝弗里奇在《科学艺术》一书里，对创造心理过程中的直觉、机遇、假说、想象的研究颇为深刻，受到了好评。

近几十年来，随着现代电子技术的广泛应用，科学技术以前所未有的速度发展，研究创造之源愈显得重要，创造心理学的专著大量出现，如1978年美国霍尔顿的《科学想象：案例研究》，前苏联T·B·库德良甫采夫的《技术创造的心理学》，A·H·鲁克的《创造心理学》，日本市川龟久弥的《创造性科学》，恩田彰的《创造性研究》，中山正和的《创造工程学方说》等等。

1971年前苏联在阿塞拜疆创办了一所创造发明大学，当时这所大学在前苏联全国40多个城市中设有分校。前苏联心理学会自第五次、第六次代表大会以来，对创造心理学的研究有明显进展，着重研究的内容有：

1. 研究个体思维的创造过程；

2. 揭示过去很少研究的创造活动环节——问题的产生以及探索的采取决定的反射机制；

3. 研究集体创造，提出人与人之间创造性的相互影响问题，寻找集体创造活动的原则，研究个人与集体创造不相吻合的地方。

现代物质生活的提高，必然会有很多人从机械的、繁重和简单的劳动中解放出来，从事专门的创造职业，如科研、图书、情报、教学、艺术、体育、文学、美术等方面。对未来的预测表明，在不久的将来，家务劳动可以用具有简单思维的电子仆人、工作用机器人代替，还将进一步制造具有一定脑力劳动能力的机器人，人工智能程序可代替一般技术操作，甚至从事部分专家科研工作。

现在机器人每年以30%的速度增长，还将研制高级智能机器人，这种机器人能分辨人的声音并进行人机对话，能读、能写文章，能自我学习，还可以自我判断。

未来人的主要工作是创造活动，创造决定着每一民族在世界民族之林中的声誉和地位，决定着每个国家的前途，也决定着每一个人的地位和前途。

创新潜能存于何处

长期以来，人们总是这样认为，只有科学家创立新理论，发明家制造出先进机械，专家学者著书立说，文学家吟诗作赋，音乐家谱写出新的乐章，美术家绘画雕刻，这些为人类增添巨大物质财富和精神财富的劳动才算创造，似乎创造只是伟人们的专有权利。这就给“创造”二字涂上了一层神秘的色彩。固然，科学家、发明家、文学家、艺术家的创造是伟大的、令人景仰的；然而，他们毕竟是人，创造发明并不是他们与生俱有的专利。当你走进创造心理学空间自主王国的时候，你就会发现，创造乃是人之为人的标志，一切神智健全的人都不例外地存在着创造潜力，关键看你善不善于发挥自己的创造才能了。其实，任何人只要审视一下自己就会发现，你在某一方面“独出心裁”；或者同别人的观点、看法不尽一致，有着自己的独到见解；或者把某一件事情干得非常出色，而他人则可能在这点上远不如你。这些正是你的才能的表现。

创造才能并不神秘，它是人类最基本的社会属性之一。对于未形成稳定的创造人格的人来说，它只不过还处于一种潜在状态罢了。如果你能懂得创造的奥秘，善于掌握科学的方法，你那潜在的创造才能就会显示出来，你就一定能创造出人间奇迹来！

对于想进行创造活动的人来说，第一步应该懂得自我注意、自我观察。因为在生活中，最熟悉了解自己者是我们自己。我们应该弄清楚自己的感觉、知觉、记忆、思维、情感、意志和人格的特点，只要讲究方法，合理地发挥我们的特长，争取从优发展，就可以在某个领域有所作为，有所创造。在日常生活中，我们不时产生一种对自己来说是新颖的、前所未有的认识和体验，尽管这对他人来说也许不算什么新奇，但对我们自己却有着特殊的意义。它使我们感到喜悦、自信和满意；使我们的某项工作进展顺利而迅速，超出了我们的既有经验和当时的期望。这种认识和体验有之称为“类创造”，或“前创造”，或“创造潜力的显示”。如儿童做数学练习中解决了自己从前做不对的某一个习题，这可以认为是创造活动的尝试，显示了他的创造潜力。人们应当自觉开发这种创造潜力，使之发展成“真创造”、“特殊创造才能”，即能为社会提供新颖的、具有社会价值的创造成果的能力。

人的创造力在各种场合以多种形式向我们悄悄表明它的存在，但人们常常熟视无睹，不以为然，把它轻易忽略了。因此，我们对自己潜在的创造力知道得太少了，正如美国心理学家詹姆士所说，我们所知道的只是“我们头脑和身体资源中极小一部分”。我们的创造潜力宛如沉浮在汪洋大海中的一座冰山，我们只看到了它露出水面的那隐隐约约的极小部分，而它的绝大部分却被我们忽视，被我们自卑的海水所淹没。如果我们意识到了这一点，就会对自己的创造潜力充满信心，就会唤醒蛰伏中的创造意识，促使我们由普通人格向创造人格转化。

我们要充分认识自己的创造潜力，应当重新重视存在于我们身上的宝贵的创造资源。在我们的生活中，应当把创造作为一种高尚的生活方式来看待。这里所说的创造就是指人所表现出的一种探索精神，一种积极更新既往的方法，不断以新的方式处理日常事物、职业活动的行为。我们应当不断追求那种能够提供新颖的、有价值的社会成果和行为活动的创造精神。日本的教育界、科技界就呼吁他们的国民，要改变自己民族只知道接受外国成果的形象，要自己来创造。这个口号很响亮，也表现出日本民族的自信心。近几年来，我国也很重视创造，搞了无数次创造发明成果评比，取得了令人鼓舞的成绩。我们在科学技术、体育艺术等方面获得了一些著名的国际奖。

有的人也相信自己拥有创造潜力，但是在实际活动中，由于不能正确判断自己创造潜力的优势在哪个方面，而失去充分发挥他的创造潜力的机会。

虽然创造潜力存在于每一个人身上，然而它又是千差万别的，人的心理品质是不同的。一个很有声乐潜力的人，可能成为一个出色的音乐家，而未必适于枯燥的实验操作；如果一定要去搞物理研究，虽然花了很大的精力，甚至耗尽毕生的心血，恐怕也难以有所成就。

德国哲学家恩斯特·卡西尔的一个基本思想就是：人只有在创造文化的行动中才能成为真正意义上的人。人的本质体现于人不断创造文化的辛勤劳动之中。因此人性是人自我塑造的一个过程：真正的人性就是人的无限的创造行动。从这个意义上说，创造又是人的本质属性，无论从个体的发展，还是从人类进化的角度来看这个问题，都可以得到这一结论。只有在创造活动的尝试中，才能进一步认识和证明自己的创造潜力及其特殊性。美国心理学家马斯洛主张研究目前占人类1%的精英人物。在对他们和一般人的对比研究中发现，凡人和伟人之间，普通人和创造者之间，在创造潜力上并没有本质上差异，只是后者的自我开发进行得更好一些，关键在于前者没有认识到自己，后者比较充分地认识到了；前者只是偶尔为之，后者持之以恒；前者没有自己去尝试，后者却总是大胆实践。

有一些人把“创造”弄得神秘、抽象而又玄妙不堪，以为那是圣贤们的事，高不可攀，深不可测，自己恐怕不行，或者周围的人恐怕也都不行。那些成功者的事迹传到他们耳里，如听天方夜谭。在人生道路上抱着这种态度，永远只有踮起脚跟争睹别人风采的份儿。其实，如果我们能够认识自己，合理的发展自己，如果我们有足够的勇气和信心，有足够的准备和毅力，有远大的理想和崇高的抱负，加之有足够的激情和献身精神，那么，我们同样也会成为思想家、艺术家、科学家和发明家。

创造是人的伟大之所在。科学技术的日新月异，物质财富的丰富，社会文明的发达，无一不是创造的结果，创造是人类心理发展的最高成就，是精神的最高标志。它在人类活动中，是最有力量、最有希望、最有价值的思想活动。成为创造性的人才，无疑是当今有识之士所向往的目标。

人与动物区别的标志，考古学家认为是使用工具，哲学家认为是劳动，文学家认为是语言和文化，生理学家认为是大脑，心理学家认为是智能。这些固然都不错，但我们认为人之为人的标志是“创造”，工具是人创造的，人的劳动是创造性表现的具体形式，语言文化是创造的结果，智能的最高层次是创造力。人类的劳动是创造性的，如工具的制作，结束了人和动物混存于原始森林的生活，从茹毛饮血的时代走了出来。当然“劳动”和“创造”这些概念和形式，都是不断进化的，由初级向高级发展的。

从进化论的角度看，有机物高于无机物在于它有生命；动物异于植物是能“动”；腔肠动物、水母等高于低等单细胞生物在于它有感觉，对信号刺激有稳定的反应。随着中枢神经系统的产生和发展，特别是脑的形成和进化，出现了鱼、鸟类。它们之所以高于水母之类，在于它有知觉，对于各种刺激有综合反应的能力；灵长类的猿猴高于鱼类，在于它有能对复杂刺激物作整体方向反映，有初步的分析综合能力，有简单的思维，而人类超乎一切动物则在于其进化过程中产生了高级思维，尤其是创造性思维。由此他彻底脱离动物界而上升为人。人是进化形态上的最高形式，而思维尤其是创造性思维则是宇宙进化最高成就的标志。若将整个宇宙的进化历程喻之为金字塔，创造则是金字塔的顶端。

就个体而言，创造也属于人生金字塔的顶端。人之所以成为地球的主人，根本在于人类思维的发达。以躯体而论，比不过庞大于人上百倍的鲸鱼，以力气而论，人远不如大象；以灵活而论，人逊于猴；以奔驰而论，人会输于马。鱼可畅游水中，鹰可搏击天空。但是人之为人，是通过自己的创造，延长其腿足，扩展其视听，远胜于诸动物之上，成为世界的主宰，成为万物之灵、“世界之最”。

美国人本主义心理学家马斯洛认为，自我实现是人的最高需要层次，处于人生金字塔的顶端，铺垫这个金字塔第一层的是生理上的需要（饥饱、冷暖、住行、性欲）；第二层是安全需要（和平、平安）和对于生命存在的保障企求；第三层是爱和归属的需要（社交、爱情、伙伴、集团、居住）；第四层是受到新生的需要（承认、重视、独立自主、胜任工作）。随着社会生产力的发展，人的第一、二层次的匮乏性需要，较容易得到满足，从而愈来愈趋向于高层次的需要，即追求完满，实现自我。这里的“自我”不只是指个人的独特思想、价值观念、知觉以及对自己的态度和看法，更是指自我的创造及人格臻于完善。

人本主义心理学是当今西方崛起的心理学流派，被称为心理学的第三势力，由于它以人为中心，研究心理动力、动机理论，提出上述需要层次，讲究人的心理健康，尤其强调个人潜能的发掘、识别和施展，去实现理想社会，在这方面展示了可喜的前景，对近现代传统心理学中的生物还原论和机械论是一个有力的挑战，在企业管理、教育改革、人才培养、心理治疗等方面赢得了世界声誉。

人类虽然能够登上月球，遨游太空，对自身却不甚了解。人类如果能审视自己，那么，就会发现在平常自卑的大洋下面，还淹没着一座巨大的创造潜力的冰山，假如把这座冰山的能量发掘出来，它就可以冲破一切硬壳，让创造的果实解放出来。

人人都有创新潜能

关于思考创新精神，人们以往的理解十分狭隘，就是只注意那些著名的科学家、发明家、文学家和艺术家是具有非凡的创造力的，即所谓“天才的创造力”。我们要强调思考创新精神，我们要改变观念，要承认并重视广泛的创造力。

因为思考创新精神不是某些“天才”人物和专业人员的特权与专利，而是人人都具有的一种潜在能力。所以我们指的广泛的创造力，也叫做自我实现的创造力。

任何一个成功的作家、音乐家或发明家，他们的劳动当然是开发了自身的创造性的潜能。而一个没上过学、出身贫寒、没从事过什么专业的纯粹的家庭主妇呢？她未必没有创造力。她有可能花很少的钱把一家人的日常生活安排料理得相当不错；她可能是个奇妙的厨师，做的饭菜十分美味可口；她可能在处理家务、布置家庭环境方面有许多独到、新颖、精巧之处，这些不就是创造性的表现吗？任何事情都可以做得具有创造性。创造力的潜能几乎人人都有，但所有的角色和工作，都可以是有创造性的，也可能是没有创造性的。

一位心理治疗医生，他从未写过著作，也从未创造出任何新的理论，但他乐于帮助别人以改善他们的生活。他把每一个患者都看成是世界上独一无二的人。他没有多少高深的理论和先入为主的框框，他却具有孩子般的天真和杰出的智慧，他能以灵活新颖的方式理解和解决面临的问题，甚至在非常困难的病例上，他都获得了成功。这就证实了他的工作是有创造性的。

自我实现的创造力本来是人人都有的一种潜能，但是心态积极、热爱生活的人才会在他们的生活和工作中显露出来，通常表现为一种特殊的洞察力，他们往往能发现新颖的、未加工的、具体的、有个性的东西，正如有些人习惯于注意一般的、抽象的、已经定型成规的东西一样。

前者经常生活在真实自然的世界中，而不像后者总是生活在抽象、概念、期望、信仰和刻板的世界，而我们常常分不清这两个不同世界，把它混淆起来，还以为有的人有创造力，而另一些人似乎天生就没有创造力。

创造性的潜能是人人固有的基本特性，由于许多人总是消极适应社会环境，墨守成规，这就不知不觉地抑制、埋没、丧失了自己的创造性潜能。

而另一些人则相反，他们倾向于求变创新。所以说自我实现创造性主要在于心态和人格的积极向上，而不是其成就大小。而成就就是积极心态和优良人格开发出来的潜在能力，所以，自我实现的创造力是投射在人的整个生活中的。有些人之所以缺乏创造力，那是因为心态消极、人格不良而把自己的潜能给埋没了。

有些人觉得自己不够聪明，常常为自己的脑子是否够使而感到怀疑。其实，这个担心是多余的，大脑接受、储存和综合各种信息的潜能是极其巨大的。在这个领域，美国和前苏联的许多心理学家进行了大量的研究和试验，其成果对于人们重新认识自我很有启示。

前苏联的报刊发表的有关文章说："人类学、心理学、逻辑学、社会学和生理学的一系列最新研究成果证明人类的潜在能力是巨大的。当代科学使我们懂得人的大脑结构和工作情况，大脑所储存的能力使我们目瞪口呆。在正常情况下工作的人，一般只使用了其思维能力的很小一部分。如果能迫使自己的大脑达到其一半的工作能力，我们就可以轻而易举地学会四十多种语言，记下大百科全书的全部内容，还能够学完数十所大学的课程。"

人的大脑可以看成是电子计算机，因为人脑和计算机一样，在它活着的时候，能够吸收、储存和运行大量的信息，但人脑的功能却比现在任何最先进的电脑强大得多。美国加利福尼亚的大脑智力研究所的一些专家认为，人的大脑功能实际上是无限的。那么是什么因素阻碍着我们充分利用大脑如此巨大的潜能呢？关键就是我们还没有学会给自己编排解决一系列问题的程序，也就是我们迫切需要发展的积极的心理态度。如果我们把大脑的构造比作电子计算机，那么心态和意识就是输入的程序。

创造成功的基本前提不仅在于这些方面，精神力量方面也是至关重要的。

人们在选择控制自己的情感和与人交流思想感情方面也有巨大的潜能可以开发利用。这种潜能可以从人们对自主神经系统的新的理解中显示出来。因为人的言谈举止、交际水平和心律、血压、消化器官运动以及脑电波都可以受到精神力量的控制和影响。比如有的人不幸患了不治之症，身离黄泉路不远，但一旦心态积极和精神振作，决心与病魔斗争，该干什么就专心致志干什么，最后竟能创造出奇迹。正因为这类事例世界各国都有，并有案可查，科学家们正在预言：终有一天，我们会发现人体有能力使自身再生。这不是指医学手段的新发展，在人体内更换各种零件，而是指精神力量的巨大作用。

一个人只有相信并开发自己的巨大潜能，就会具有超群的智慧和强大的精神力量。只有这样，才会获得成功。

在这个世界上，我们要学会不要依靠别人，因为一个总是靠别人扶持的人是不可能获得成功的。你唯一可以依靠的就是你自己。

自信意识、成功心理就是要我们靠自己！就像天上不会掉馅饼一样，也不会有人端着大盘子把幸运和成功送给我们任何一个人。如果人生交给我们一道难题要求解答，那么它也会同时交给我们解决这道难题的智慧和能力。但这种智慧和能力总是潜藏在我们的生命里，只有当我们自信加奋斗，自己救自己，它们才会聚集起来，发挥作用。即便你自身条件多么不好，身世多么不幸，但只要你有积极的心理态度，你就能成为一个成功者和有用的人，你就能交上好运！

将潜能变成创造力

其实，早在20世纪在50～60年代，国外许多教育学家、心理学家以及行为科学家和哲学家等都进行了关于怎样发挥人的创造力的研究。他们在研究中发现了这样一个有趣的现象，在很多情况下，无论是科学家或者是成功的企业家，他们并不是得天独厚的天资聪颖，他们的成功在于积累了一定的知识与经验以后，再将其创造性思维通过超常的想象力而迸发出来，形成一种发明或者创造，而这种发明或者创造又极大限度的满足了许多人的需求，不管是物质的，还是精神的，于是，他们成功了。

其实，超常思维和创造性思维在概念上有着一定的差别，超常思维可以给你带来一定的灵感，而创造性思维却可以让你在靡靡之中豁然开朗。也许超常思维就是创造性思维的一种“前身”吧？没有超常思维，就谈不上创造性思维，而创造性思维却是在超常思维的基础之上建立起来的一种能够对问题进行全面分析的综合思维形式。

不仅如此，创造性思维需要一个人经历一定的训练才能够拥它。有时候还需要一个人对事物的正确理解，需要勇于打破传统思维定势的精神，需要对事物的综合分析能力。没有人是天生就能够发明和创造，有的人天生头脑聪明，有的人却不是，因为这是智商的差别，而天生聪明的人不一定是天生的发明家，天生笨的人未必不能够成大器。关键在于：你能够认识自己的本质吗？你能够开发自己的潜能吗？

突破传统的思维模式，是发挥超常思维的前提条件，但是能够正确的开发自己的潜能，通过自己对事物的多方面理解，然后对事物进行归纳性的总结，在此基础上，你就可以创造新的与众不同的东西。

许多行为科学家在研究成功的企业家的时候几乎同时发现了这样的一个特殊现象：几乎大多数企业家并不是天资聪颖，而是他们有另外的一种本能，一种潜在的本能，那就是卡耐基成功学里所提出的情商，一个智商很高的人，不一定就是情商很高的人，企业的运作没有一套固定的模式，这就需要一个人的运作能力，需要一个人对商业市场的特殊敏感力以及把握市场走向的综合的判断力和想象力，而这些能力却无形之中就体现了一个人的创造性思维形式。因此，许多成功的企业都会有一种属于自己的运作模式，有一套有别于他人的管理方式，这是因为创造性思维的结果。

其实，在很多场合下，通过一个人说话以及对事物的观点和认识，就可以知道其是否具有一定的创造性思维。很多情况下，人们由于受到了环境条件的限制，而不敢发挥自己的超常思维或者创造性思维。比如说在一个单位，谁也没有胆量拿自己的“头儿”（领导）开玩笑吧？那样的话，你就小心自己的脚了（给你小鞋穿）。但是一个叫武青的青年却不然，在单位，他敢于大胆地说话，敢于标新立异，在进单位的第一天就把他的“头儿”称为“大哥”，而被他称为大哥的人的年龄却大他一倍还多，不过，这位朋友却没有受到压制，而在几年以后，被他的大哥相中为“千里马”受到重用，在其退休的时候接任其职位，这不能不说是一个“奇迹”吧？

关键的就是，在特殊的场合下，很多时候，由于环境的限制，我们不能大胆的说话，不敢提出与别人相反的意见，因为那是“权威”，你如果提出相反的意见，立即会成为“众矢之的”，因此，往往在这个时候，也就会压抑了你的灵感的产生，久而久之，也就会把你的许多灵感和创造思维磨灭了，于是你就会随大流，没有了自己的主张，也许在关键时候不能够展现你自己的真正本事了，因为你只是一味的附庸。

但是超常思维和创造性思维也不是意味着一味的对别人任何论点的反驳，那样的话就是张狂，自以为是，也就显得一个人的自我中心意识太强了。对超常思维和创造性思维的正确认识，也许是一个人成功发挥的关键吧。

只有善于观察、善于分析的人，才能够发挥创造力，因为你在观察和分析的时候会发现很多问题或者新的想法，于是你就用不一样的眼光去审视、去研究，于是你会在超常思维的带领下去突破，去发明或者创造。因此，创造性思维是超常思维的结果，是对事物本质的总结与提炼。

有了创造性思维，就可以将你带向成功的方向，充分发挥你的想象，也就为你的成功找到了一把金钥匙。

思考创新精神与创新兴趣

什么是创新兴趣

对创新的强烈兴趣，是进行创新活动最重要的心理条件之一。对一项创新活动只要有了兴趣，就能钻进去，不知疲倦不畏艰险去闯。郭沫若说过："兴趣爱好也有助于天才的形成。爱好出勤奋，勤奋出天才。"

这就是说，一个人如果被某一事情或者某一种思想完全吸引住，他就会对所有和这种事情或者这种思想相联系的一切产生兴趣。当他被这种兴趣引起的求知直至突破的欲望完全控制了的时候，就到了钻研入迷的程度。

首先培养兴趣，然后创新入迷，最后获得成功，这往往是创新成功的三部曲。历史上许许多多的发明创新者，都是沿着这三部曲走向成功的。

我国著名政论家、记者和出版家邹韬奋说过："一个人在学校里表面上的成绩，以及较高的名次，都是靠不住的，唯一的要点是你对于所学的是否心里真正觉得喜欢，是否真有浓厚的兴趣和特殊的机敏。"求学如此，创新亦然。一个人聪明能干，再加上对创新的浓厚兴趣，他就有了自觉的、主动的、不断追求创新的无尽热情。

那么，什么是兴趣呢？兴趣是指个人以特定活动事物以及人的特性为对象而在积极的、选择的爱好倾向上所产生的情绪兴奋的态度。兴趣表现为一个人积极去探究某种事物或从事某种活动的认识或意识倾向，这种倾向是和一定的情感体验联系着的。

如一个人对创造学有兴趣，他就会总是关注有关创造方面的一切事物，如新出版的书籍、报刊上的文章以及各种有关创造的会议等。总之，他一定喜欢创造学，以研究创造学为乐趣，甚至花多少钱购置这方面的书籍资料也不心疼，得到它们后会感到心满意足，有先睹为快之感。

兴趣是多种多样的，中小学生的兴趣，受知识和生理等身心发展水平的影响，兴趣表现得比较广泛，兴趣的内容相对比较模糊。不过，归纳起来，中小学生感兴趣的内容有：学习兴趣，业余（课外）活动兴趣、社会兴趣和物质兴趣。创新的自身特点，需要有明确健康的兴趣，还应有较广泛的兴趣。

兴趣是在需要的基础上产生和发展的。一个人的社会实践要求反映在头脑中，变成个人的已有需要，并在它的推动下进行积极活动中所产生的兴趣才成为具有个性倾向的兴趣。

兴趣的积极作用

兴趣在创新活动中的作用是巨大的。兴趣在创新中的作用主要有以下几个方面。

首先，兴趣可以使人善于创造条件、适应环境，对创新活动充满热情。兴趣可以扩展一个人的眼界，丰富人的心理活动内容，并推动人去积极活动，表现出人的个性积极性，为创新活动去创造条件。

有多方面的兴趣就能在创新中应付多变，甚至与己不利的环境。如环境有变，由于有广泛的兴趣，可以随之变换创新的性质内容，并很快熟悉新的领域的创新，获得创新的内心满足。

其次，兴趣对丰富知识、开发智力有重要意义。人的早期兴趣对他的未来活动可以起准备作用，这种最初步的兴趣往往为他的进一步学习打下基础，为他的智力发展确立方向。人们熟知的爱因斯坦、爱迪生都是从小爱思考问题，对新奇的事物有浓厚兴趣；华罗庚在初中时对数学产生兴趣，这些都是很有说服力的事例。

兴趣是一种具有浓厚情感的志趣活动，它可以使人集中精力去获得知识，并开始创造活动。古今中外的科学家、发明家，莫不是由于他们创造的兴趣和对事业的责任心所凝成的力量，推动着他们去孜孜不倦地追求创造而获得成功的。

最后，兴趣有助于创造成功。创新不仅需要有强烈的创新兴趣，还需要广泛的多样兴趣。王充在《论衡》中说："人不博览者，不闻古今，不见事类，不知然否，犹目盲耳聋鼻痈者也。"这是很有道理的，因为多样化的兴趣会使人观点鲜明，能产生创意。而长时间局限于一个狭窄的领域，会造成思想闭塞、视界狭小、思维迟钝。

兴趣本身对创造成功也有积极的作用。兴趣是一个人对一定的事物所抱的积极态度，是一个人对一定的事物优先发生注意的倾向。如果一个人对创新发生了兴趣，那么他在接触创新的过程中，必然会体验到一定的积极性的情感。兴趣总是和注意以及积极性情感相联系的。

创新兴趣的培养

兴趣是从哪里来的呢？它产生的根源在哪里呢？归纳起来说，兴趣产生的根源主要有以下几点：

首先，科学本身、大自然本身和创新本身都有客观的内在美。凡是美的东西，都容易引起人们的兴趣和追求。

其次，创新的成果和成就使人兴奋、快乐，从而产生兴趣。有一位学者说过，"一个人只要一生中体验过一次创造的欢乐，就会终生难忘"。

生理学家贝尔纳在评论这类现象时说："做出新发现时感到快乐，肯定是人类心灵所能感受的最鲜明而真实的感情。"

再次，创新活动能满足一个人的自尊心和荣誉感。在个人的需要层次中，自尊、受到别人尊重和成就感、荣誉感，是高层次的需要。当一个人由于做出了某种创造性贡献，得到了别人的赞许和尊重，就会因这种需要得到满足而感到快乐，这种快乐又会促使他开始新的创新，在这种良性循环中，产生了对创新的兴趣。

最后，创新活动能满足人的好奇心。由好奇心产生兴趣，这是兴趣产生的一个内在原因。好奇心不仅是产生兴趣的最初根源，还是创新设想的触发物和催化剂。

那么，广大中小学生要怎样才能培养起创新兴趣呢？激发和培养创新兴趣的主要途径也有以下几点：

首先，加强理想和目标的教育。创新只有与理想和目标一致，才能激发和培养创新兴趣。

一个没有崇高理想和奋斗目标的人，只会凭一时的直接兴趣创新，或者仅从个人的得失出发，去进行创新活动，这种创新兴趣是靠不住的。因此，要使他们的创新兴趣与远大理想和奋斗目标联系起来，不论什么艰难困苦、波折坎坷，也能保持旺盛的创新兴趣和精力。

其次，要社会各界和老师一起努力，改革教育，树立新的教育思想。

改进教学方法，更新教学内容，创新教育思想，激发和培养学生的创新兴趣和创新意识是教育中迫待解决的问题。教学方法应灵活多样，旨在培养创新精神，使学生的学习处于积极主动状态，创新的兴趣得到发展。

应注意在学校广泛开展各种各样的创新性活动，如创业、小发明活动、学生的科研活动等，使创新成为风气，成为人才标志之一。这样，创新的兴趣一定能被激发和培养起来。

强烈的创新需要

创新和幸福是什么关系？创新是力量、自由及幸福的源泉。英国著名哲学家罗素把创造看作是“快乐的生活”，是“一种根本的快乐”。前苏联教育家苏霍姆林斯基认为，创造是生活的最大乐趣，幸福寓于创造之中，他在《给儿子的信》中写道：“什么是生活的最大乐趣？我认为，这种乐趣寓于与艺术相似的创造性劳动之中，寓于高超的技艺之中。如果一个人热爱自己所从事的劳动，他一定会竭尽全力使其劳动过程和劳动成果充满美好的东西，生活的伟大、幸福就寓于这种劳动之中。”这些论述深刻地揭示了创造和幸福的内在联系，说明创造是获得新的幸福的源泉。

为什么说创造是人类获得新的幸福的源泉和动力？我们知道，幸福是人们在进行物质生产和精神生产的实践中，由于感受和理解到所追求目标的实现而得到的精神上的满足。然而怎样才能满足人们物质生活和精神生活的需要？要靠劳动、靠工作，靠为事业奋斗。而人们需要的内容是不断发展的，需要的层次是不断提高的，旧的需要满足了，又会产生新的需要；低层次的需要满足了，又会产生高层次的需要。

要满足人们不断提高的需要，实现人们对幸福的新追求，就要靠创造，创造新的物质财富和精神财富。所以，要深入理解创造和幸福的关系，就必须探讨研究人的需要问题。

美国现代人文主义心理学家马斯洛把人的需要从低级到高级排列为七个层次：生理需要、安全需要、社交需要、尊重需要、求知需要、求美需要、自我实现的需要。他把自我实现的需要看作是人的最高层次的需要。他认为，人都有发展或成长的趋势，成为探索真理的、有创造力的、有美好愿望的人；对于这种自我实现的需要来说，人的其他一切需要都可以看作是达到一个终极目的的手段。

马斯洛所说的人的自我实现的需要类似于人的自我发展的需要。发展人的生命力，进行创造性实践活动是人的本质力量的实现，因而也是人通过对象化活动实现自我的表现。例如，作家勤于写作，画家乐于绘画，科学家潜心研究，技术工人努力攻克技术难关，他们专心致志地从事自己的工作，在精神上感受到极大的幸福。

而有些人没有崇高的目标和远大的理想，他们就会感到精神空虚，使自己的青春年华虚度。

人以其需要的无限性和广泛性区别于其他一切动物。动物受到自然和机体的限制，因而其需要是狭隘的、有限的。人因其创造性的实践活动，创造了丰富多彩的需要，就其发展趋势来说是广阔的。随着生产力的发展，人的物质需要的实现将越来越有保证，其结构将趋向丰富化、优质化；人的精神需要将会变得越来越强烈，趋向于大量化、高雅化。

总之，在创造性的实践活动过程中，人的需要不断发展，并不断产生新的需要；而人需要的不断发展和新需要的不断产生又推动着人的创造性实践活动水平的不断提高；人的创造性实践活动水平的不断提高，将会满足不断发展的需要和新产生的需要，从而把人类的物质生活和精神生活不断推向幸福的新境界。

思考创新精神与个性特点

特殊的创新能力

人总是各有自己的特长或是优势，在现实生活中和教育教学中，我们经常会观察到如下现象：有的学生喜欢学习数学，有的学生擅长美术，有的学生迷恋音乐，有的学生有出众的表演才华。

一般来讲，大脑的特点主要表现为对周围客观世界信息刺激接收功能的强弱与加工处理信息的方式与效率上，而大脑的不同思维类型则规定着各自对客观刺激信息接收的最佳功能范围。巴甫洛夫根据人类的两种信号系统相互作用的诸多因素与特点，根据人类高级神经活动的思维倾向，把人的思维分为形象思维类型、抽象思维类型、中间思维类型三种，这三种不同的大脑思维类型，便是人之所以表现出这些明显差异的生理和心理根据。

创造性思维的成分，应包括两种基本成分：发散性思维和集中性思维，两者的有机结合构成了各种水平的创造性思维。我们认为，发散性思维的确是创造性思维的最重要的成分，但在创造性思维活动中，发散性思维和集中性思维的相互关系却是一种辩证关系，它们是相辅相成的。

创造性思维的思维形式有两种，即发散思维和集中思维。发散思维是为达到某一确实目标而设想出全部的或相当多的可能性以供选择的思维过程，它表现出与已有体系的不调和性。超常性格决定了创造性人物在认识事物时善于发现超越当代文化常规的问题。在外界信息流中，一般人通常只接受已有知识和概念排列好的文化规范里的那些信息，而创造性人物对文化规范以外的信息也能尽情接受。他们不受权威、评价的束缚，见别人所不能见，思别人所不能思，从而使思考方式呈立体型向各方尽可能发散。

在发散思维进行的同时，集中思维则对发散思维提出的各种可能性进行比较，并集中到某一可能性上。当思维产物与文化规范相吻合时，他们当然会与众人一样乐于接受；当思维产物与文化规范相抵触时，他们也决不会放弃自己的成果。一般人纵使发散思维已经充分展开，但是由于他们易受公认的意见和评价的干扰，最终也会偏离指向真理的方向；或者虽然发现了真理，最后由于压力和干扰，竟然会产生自我怀疑。唯有创造性人物总是不惜一切地捍卫真理。几乎每一个创造产物的人，诸如苏格拉底、布鲁诺、马克思、弗洛伊德、爱因斯坦等，都为捍卫自己的真理孤军奋战过。综上所述，没有超常规性格就不会有完整的创造性思维，也不会有所发明创造。

首先，只有集中了，才能发散。在很多程度下，问题的情境不是很明确，往往只是一堆没有头绪的乱麻，解决问题必须进行集中性思维，综合已知的各种信息，导出发散点，因此，集中性思维是发散性思维的基础。并且，这一步的集中就是具体创造性思维的最低级别。

其次，只有发散了，才能集中。为了寻求独创性的设想，任自己的思想自由发散，但是，发散的结果并不都是有意义、有价值的，往往有相当多是谬误，可见大量发散，还要通过集中，最后导出正确的结论。

最后，发散度高，集中性好，创造水平才会高。西文研究证明，大多数创造性发现需要集中和发散两种思维。即一个问题的解决，往往是这个人的思维沿着一些不同的通路发散，应用一个个的知识和逻辑规律把问题集中到最相应的解决方法上。运用集中性思维，综合发散的结果，敏锐地抓住其中的最佳线索，对发散结果去伪存真，去粗取精，升华发展，最后得出问题的正确、创新的答案。

形象思维是凭借事物的形象（表象），并按照描述逻辑的规律而进行的一种思维。它的间接性和概括性的程度相对于动作思维来说是较大的。这种思维所凭借的形式为表象、联想和想象。表象是单个的，它相当于抽象思维的概念；联想是两个以上表象的联结，它相当于抽象思维的判断；想象是联想，是许多表象的融合，它相当于抽象思维的推理。这样看来，想象是形象思维的一个形式或一个阶段（最高阶段）。在创造性思维活动中，形象思维的作用是很大的，而形象思维的作用，主要是由想象特别是创造想象发挥出来的。

可以说，没有创造想象的积极参与，要想进行创造性思维是不大可能的。抽象思维可以分为形式思维与辩证思维两种。形式思维是凭借概念，并按照形式逻辑的规律而进行的一种思维。它的间接性和概括性的程度更大。

这种思维所凭借的形式是概念、判断和推理。辩证思维是凭借辩证概念，并按照辩证逻辑的规律而进行的一种思维。它的间接性和概括性的程度最大。

这种思维所凭借的形式是辩证概念、辩证判断和辩证推理。

思维是客观现实的反映，而客观现实有其相对稳定的一面，也有其不断发展、不断变化的一面。形式思维反映前者，即它只能在相对稳定的情况下去认识客观现实；辩证思维反映后者，即它可以在发展变化的情况下去认识客观现实。在创造性思维中，抽象思维的作用也是很大的。而抽象思维的作用，主要是通过辩证思维发挥出来的。也可以说，没有辩证思维的积极参与，要想开展创造性思维也是不可思议的。现在国内外的心理学家基本上都倾向于认为，在创造性思维活动中，求异思维占主导地位，也有求同思维的成分，而且二者是密切结合的；他们不同意把创造性思维全等同于求异思维。

求异思维与求同思维是密切联系而不可分割的。这主要表现在如下三个方面：

首先是二者互为基础或条件，只有先进行求同思维，综合问题提供的条件信息，导出求异点，然后才能从此点出发进行求异思维；另一方面，求异思维又是求同思维的基础或条件，通过求异思维，提出尽可能多的答案来，才可能通过求同思维，最后导出正确的结论。求异思维与求同思维的关系，就如同民主和集中的关系。其中道理，自是不言而喻的。

其次是求异思维与求同思维往往交叉进行。通过求异思维、求同思维的反复交叉进行，行行复停停，停停复行行，逐步接近所需要解决的问题，直至发明成功。

最后，求异度高，求同性好，创造性思维的水平才会高。这就是说，在创造性思维活动中，只有当一个人通过求异思维，尽可能提出更多的解决问题的方案、假设，得出了多种不同的答案、结论，然后才能通过求同思维，从中选择、确定唯一正确的方案、假设，得出唯一有效的答案、结论，使创造性思维处于较高的水平。

创造性思维中的直觉思维是无意识的，并且没有传统的逻辑过程与之相伴。它一般以三种形式表现出来，即直觉判断或推测、猜测或预感和洞察力（高级形式）。

为了揭示直觉思维的实质，把它与灵感加以对比，不会没有意义。关于二者的关系问题，大致有两种看法：一种认为它们是一回事。这又有两种变式，即直觉=灵感，或直觉=直觉思维+灵感思维；另一种认为二者是相对独立的两个概念，既有区别，又有联系。

直觉思维的作用是非常大的。在创造性思维活动中，人们往往凭直觉进行选择，作出预测，提出新的思想。但是，直觉思维又具有明显的局限性：第一，容易局限在狭窄的观察范围内；第二，常常会使人把两个风马牛不相及的事情纳入虚假的联系之中，从而得出极其错误的判断和结论。批判思维一方面品评和批判自己的想法或假说是否妥当，另一方面认真地进行思考。也就是说，一个具有这种思维头脑的人，不会轻易地相信所提出的设想、假设或结论，而是要进行反复推敲、多次检验、反复思考，以期得出最科学、可靠的结论。

必须把直觉思维与批判思维结合起来。也就是说，不要迷信直觉思维，应当用批判思维去检验直觉思维，以克服其局限性。有人把爱因斯坦关于科学创造原理的思维，简洁地表述为这样一个模式：经验—直觉—概念—假设—逻辑推理—理论。这个模式就体现了直觉思维与批判思维的结合。

创新与心理健康

无论是科学创造还是艺术创造，主要都是科学家和艺术家个人所进行的创造，中小学生的创造也是以个体的方式为特征而展开并得以体现的活动，即使是集体的创造也是以个人的创造活动为基础，从这个意义上说，个性差异是影响创造能力的主要因素。

世界观是人个性的主要和决定性的特征，此外，个性还包括心理品质方面的特点。青少年学生只有养成良好的个性品质，才能在创造性劳动中充分施展自己的创造才能。

创造性活动所需要的各种个性心理特点，在不同人的身上，并不是简单机械的加减关系，而是处在一种独特的复杂的联系之中，并融合成有机协调的整体，表现为鲜明的个性心理特色。

健康是人类生存和发展的重要条件。根据世界卫生组织的定义，健康不仅仅指没有疾病，而且还包括具有完整的生理、心理及社会适应能力。其中，个体良好的心理适应能力是使个体行为与外界相对和谐一致的主要因素，也就是说，心理健康是健康的一个重要方面。

关于心理健康的标准，心理学家从不同的角度进行了许多探讨。虽然观点不尽相同，但大致可概括为以下几个主要方面：

1. 智力水平处在正常范围内；

2. 心理和行为特征与生理年龄基本相符；

3. 情绪稳定，情感丰富，与情境相适应；

4. 心理与行为协调一致；

5. 能适应社会，主要是指人际关系的心理适应与协调；

6. 行为反应适度，不过于敏感，也不迟钝，与刺激情境相适应；

7. 不背离社会行为规范，在一定程度上能实现个人动机并使合理要求得到满足；

8. 自我意识与自我实现基本相符，“理想自我”与“现实自我”差距不大。

从上述诸标准可以看出，心理健康的实质是个体的各种心理机能的协调和完善，是各种心理机能的充分发展。而创造力是人类的一种普遍的心理能力，是人类心理机能的最高表现。因此，从某种意义上说，个体创造力的发展水平是其心理健康的重要标志。同时，个体创造力的发展也必须建立在其一定的心理健康的水平之上，即心理健康是个体创造力发展、发挥的基础。

对于个体心理健康与其创造力发展之间的关系，心理学家进行了大量的研究。托兰斯的研究表明，富于合作精神、心理健康的儿童与一般儿童处于同种智力水平时，前者创造性地解决问题的能力更高。这是因为，这些具有合作精神的儿童更善于吸收其他儿童的建议。吉尔福特的研究表明，尽管每个儿童具有巨大的创造潜能，但由于心理健康水平高的儿童比其他儿童善于对待他人的批评和社会的压力，对他人的批评和社会的压力采取更为合理的取舍，因而，他们在创造力的测验中成绩更高。研究还表明，各种负性情绪如偏见、担心、焦虑、妒忌、违拗、冷漠、自满等都会妨碍个性创造力的发展。

而在心理健康者身上这些负性情绪一般较少。

值得注意的是，也有一些个案分析和调查研究的结果表明，个体创造力的发展水平与心理健康之间有负相关，甚至没有相关，即认为高创造性的个体在某些方面心理健康水平较差。但是，仔细分析这些研究便可发现，这类报告的数量在有关心理健康与创造性关系的所有研究的总量中所占的比例极小。而且，这类研究多采用个案分析或历史文献分析的方法，样本中资料可靠性差，因而得出的结论的可靠性、可推广性难以保证。事实上，许多调查表明，历史上高创造性的伟人其心理健康程度是很高的，他们的生活很有规律，对新事物有敏锐的感觉能力，对生活、对社会满怀爱心，只要分析一下他们的年龄便会发现，他们大多都是同时代的长寿者。当然创造性人才也是常人，如果他们中某些人身上存在某些方面的心理疾病，那也是正常的。

也许，这些心理疾病还妨碍了其创造力的进一步、更高水平的发挥。需要特别指出的是，心理健康指某人行为独立，能完全地接受自己，乐于工作，并能从工作中获得满足，和现实环境保持良好的接触，有良好的人际适应能力，但并不是必须从众、服从社会压力。创造性人才一般都是高度独立的，他们充分地接纳自己，接纳生活，对所从事的创造性工作全身心地投入，并从中获得极大的满足。他们对社会环境有清晰的认识，并不因环境的压力而情绪起伏。有时，由于他们所进行的创造性活动超越了所处的时代和社会，因而有可能违反当时的社会准则，有可能遭受社会的冷遇、排斥，甚至迫害，但这并不成为其心理不健康的理由。历史上，这样的创造性人物是很多的，如提出“日心说”的哥白尼，坚持科学反对宗教的布鲁诺，向亚里士多德传统挑战的伽利略等等。

我们认为，心理健康水平为个体创造力的发展，特别是儿童创造力的发展，提供了最基本的心理条件。儿童只有在其认识能力稳步发展、社会性发展正常、各种心理机能发育协调的前提下，才能发展创造力这种高级的心理能力。对于一个患有多动症或精神分裂的儿童，我们是很难将其培养成一个具有高度创造力的儿童的。另一方面，创造力发展的水平也是衡量儿童心理健康的重要标准。

情绪的表现形式

情绪是人对客观现实的一种特殊的反映形式，即人对客观事物的态度，它是由客观事物是否能满足人的需要而产生的态度体验。情绪能促使人的行为积极，也能促使人的行为消极，创造主体在创造活动中，为了达到预定的创造目标，就需要强烈、稳定而深刻的情绪作为动力，推动创造活动的进行。创造主体只有充满对创造活动的热爱，才能积极、主动地进行创造活动。

人的情绪状态的形成多种多样。根据情绪发生的强度、速度、持续时间的长短与外部表现，可把情绪状态分为心境、激情与热情。创造主体在创造活动过程中，始终处在不同的情绪状态之中。积极的情绪状态能提高创造力，消极的情绪状态则降低创造力。

首先，我们从心境来考察情绪状态。心境是一种比较微弱的、平静而持续时间较长的情绪状态，具有持续与迁延的特点，心境不是关于某一事物的特定体验，而是一种非定向的弥散性的情绪体验，似乎在人的心理上形成一种淡薄的背景，在一定时间内影响人的心理，使人的心理染上一定的情绪色彩，创造主体处于某种特定的心境中时，往往以同样的情绪状态看待一切事物。良好的心境使创造主体有“万事称心如意”之感；不良心境则使创造主体感到凡事枯燥无味，易于激怒，遇到困难难以克服。

影响心境的原因往往是生活中的一般事件。工作的顺逆、事业的成败、人际关系、个人健康状况、自然环境、生活环境的优劣、带感情色彩的表象、人体生物节律等等都会影响人的心境。对于创造主体来说，创造的环境、创造集体的人际关系、创造活动的成就等对心境的影响较大。

良好的心境能提高创造主体的创造敏感性，及时捕捉创造的信息，对创造活动充满浓厚兴趣，创造热情高涨。心境好，联想活跃，思维敏捷，想象丰富，能够提高创造活动效率。美好的心境是灵感发生的一个重要情绪条件。

直觉常常在创造主体长期的思索之后，心境安静时发生。消沉、抑郁的心境使创造主体对创造活动缺乏兴趣，创造的敏感性降低，联想不活跃，想象贫乏，思路不通畅，从而降低创造活动的效率。

创造主体不但有当前情况产生的暂时心境，还有各自独特的比较稳定的心境。这种心境随着创造主体生活经验中占主导地位的情感体验的性质转移。朝气蓬勃的创造主体，生活中愉快的心境必定占主导地位；失望忧愁的创造主体，生活中忧伤的心境肯定占主导地位。所以，稳定的心境受创造主体的思想、观点、理想和人生观的影响。

创造主体具有的良好的心境，就能在创造集体中感到心情舒畅，积极而热情地与人交往、讨论，增强良好的人际关系，提高心理相容的水平，从而对创造活动产生积极影响。不良的心境使创造主体在创造活动的集体中感到压抑、苦闷，容易同其他成员发生矛盾与冲突，影响人际关系。

其次，我们再从激情的角度来考察情绪状态对创新的影响。激情是一种猛烈的、迅速爆发而短暂的情绪状态，并且伴有明显的机体变化与外部情绪表现。如狂喜、愤怒、恐惧、绝望等都属于这种情绪状态。激情通常是由对创造主体具有重要意义的强烈刺激或发生对立的意向冲突所引起。

激情状态必定伴有明显的外部表现和内脏器官、腺体的变化。暴怒时，肌肉紧张、双目紧视、怒发冲冠、面红耳赤、咬牙切齿、语言粗犷；绝望时，目瞪口呆、面色苍白；狂欢时，手舞足蹈、高声大笑；悲痛时，木然不动或涕泪交加等。

从生理上看，激情是外界超强刺激使大脑皮层对皮下中枢的抑制减弱甚至解除，从而使皮层下的情绪中枢强烈兴奋的结果。创造主体处于激情状态中时，认识范围缩小，意识不到自己在做什么，更不可能预见行为的后果，也不能评价自己的行为及其意义，往往做出一些后悔莫及的事。

积极的激情对创造活动具有强烈的刺激作用，它能极大地激发创造主体的创造意识与创造的敏感性，激发创造主体的进取心与斗志，能特别充分地调动创造主体的创造力，提高创造活动的效率。

消极的激情使创造主体陷入冲动的情绪状态，甚至失去自制力与理智，不能正确地自我评价，也不能预见行为的后果，从而使创造主体的创造状态遭到严重破坏，抑制创造性思维与创造性想象活动。消极的激情对创造状态影响的后效应很长。

激情虽然强烈而短促，但还是可以控制的。

第一，用理智的意志去控制情绪。只要创造主体具有正确的思想意识，遇事善于分析判断，在面临激动的情境时，命令自己冷静，以坚强的意志克制自己，就可以使这种情绪减弱或得到控制。

第二，转移注意力。当消极的激情将发生时，要尽量把注意力从产生激情的这种事物上转移到其他事物上，从而调节与缓和激情爆发的程度，达到转移的目的。

第三，加强自我修养。在激情状态下，认识范围会缩小，理智分析能力下降，自我控制能力减弱，往往不能约束自己的行为，不能正确地评价行为的意义及结果。所以，要加强自我修养，从多角度聆听良言，分析事理，形成处理问题冷静，待人谦逊，宽恕忍让等良好品质。

最后，我们再来看看热情这种情绪状态对创新的影响。热情是一种强有力、稳定而浓厚的情绪状态，具有持续性与行动性的特点。热情能控制创造主体的整个身心，影响创造主体的思想与行为，受创造主体的人生观、理想、信念与理智水平所制约。

热情是创造主体创造的心理推动力量。热情使创造主体迷恋创造活动，注意力集中在创造的目标上，能动员与调动智力因素，充分发挥智力效应。热情使创造主体废寝忘食，甚至达到忘我的程度。诺贝尔一生把热情献给了科学事业。他说："工作使一切都美化了，它使我们免除了不必要的享乐和奢侈。"巴甫洛夫的巨著《关于大脑两半球机能活动的讲义》是在他患病时躺在病榻上撰写的。李四光在生命最后一夕，对创造活动还充满着热情，在病床上还在思索着地震预测的创造活动。古今中外凡是在创造活动中做出贡献的科学家，都对创造动活动充满着热情。

情绪运动的轨迹

创造活动的实际心理过程，主要包括表象运动、抽象思维和情绪活动。换言之，它是表象运动、抽象思维和情绪活动三者的交织与融合。而表象运动、抽象思维又时刻不能离开创造主体情绪的作用。

在创造活动过程中，创造主体对创造对象必定抱有一种态度。因为创造主体具有自己的主观世界，当创造对象作用于创造主体时，创造主体对待创造对象就会有一定的态度。冰心由风雨中的荷叶遮蔽住初开的荷花，想起了母女情深；朱自清由梅雨潭那独特的绿，唤起了长辈爱抚小儿女的万般柔情；而鲁迅则由秋夜中刺破寒天的刺树，涌起冷竣峭拔的抗争情绪。创造主体根据创造的对象是否符合主观的需要可能采取肯定的态度，也可能采取否定的态度。凡能满足创造主体需要的创造对象，就会引起肯定性的体验；不能满足创造主体需要的创造对象，或与创造主体的需要互相违背的创造对象，则会引起否定性的体验。而当创造主体采取肯定的态度时，就会产生热爱、满意、愉快、尊敬等内心体验；当创造主体采取否定的态度时，就会产生憎恨、不愉快、痛苦、忧愁、愤怒、恐惧、羞耻和悔恨等内心体验。创造主体的情绪体验直接对创造活动施加影响。

创造主体的情绪不但会产生于各种创造活动过程，而且还会以智力因素作为中介和桥梁，直接对各种创造活动过程发生一定的影响。情绪对于创造过程所产生的影响，既可能是积极的，也可能是消极的。一般来说，积极情绪能够提高创造主体的智力效应，因而对创造活动产生积极影响，消极情绪则会降低创造主体的智力效应，因而对创造产生消极影响。

首先，感觉和知觉都可能引起创造主体的情绪活动。冷热痛痒，甜酸苦辣，气味香臭，光线明暗，颜色冷暖，乐音噪音……由此而生的种种感觉都可能和一定的情绪活动联系在一起。一见倾心与望而生畏，喜闻乐见与惨不忍睹，望海观日而心旷神怡，登山临水而悦目动情等等，就是知觉引起的情绪活动。

情绪直接影响创造主体的感觉和知觉。创造主体在感觉、知觉过程的积极性能减少感觉、知觉过程的疲劳性。创造主体在创造活动中之所以能够孜孜不倦地对有关事物或现象进行长时间的深入的观察，正是和他们在感觉、知觉过程中所体验到的情绪活动分不开的。

在创造活动中，感觉、知觉与情绪的联系一般来说比较单纯，但不是无关紧要，有两点不可忽视：

第一，感觉、知觉与情绪可能受到创造主体的处境、思想、心情等状况的制约和影响。同一种创造对象，创造主体在不同的状况下反映它们，就有可能产生带有不同的感情色彩的感觉和知觉。

第二，在创造主体的实际心理活动过程中，感觉、知觉的产生往往又引起其它心理活动，如记忆、联想，想象、思维等，与此相应也就必然引起情绪活动的变化和深入。特别是在文学艺术的创造活动中，情绪对感觉、知觉的影响更是不容忽视。当创造主体面对某一具体的创造对象时，可能被当时的感觉、知觉引起某种创造的冲动或构思的启发。另外，表象是艺术构思中需要大量运用的信息，而感觉、知觉正是表象的最初来源。当然就创造主体而言，表象也可以通过间接途径获得；但无论如何，创造主体本身通过直接感知而保存在记忆中的表象总是比较生动深刻的，在文学艺术创造活动的过程中也更为有用。

在创造活动中，情绪对于记忆的过程也会发生显著影响。一般说来，创造主体在记忆的过程中所体验到的生动和强烈的情绪，可以反过来促进记忆的效果和加强保存的牢固性。法国作家雨果 16 岁时在巴黎法院门前的广场看到一个年轻妇女受烙刑的情景，直到他 60 岁时还记得那样细致和具体。他在给友人的信中描写这一往事："她的脚边放着一炉烧红的炭，一把木柄的烙铁插在炭火里，烧得通红，观众好像感到很满意。""正当时钟响了 12 下，一个男子不让她看见，从她背后走上刑台。我事先已经看到，那女子穿的粗毛布小衫背上有一条缝，用带子拴着。那男子上来，很快地解开带子，敞开小衫，让女人的背一直裸露到腰部，接着拿起炉子里的烙铁，就往她赤裸的肩头上放，而且深深地往下按去，烙铁和刽子手的拳头被一阵白色的烟雾遮没了。”雨果信中的这些话，充分说明他对一个妇女受烙刑的记忆的深刻和牢固与他当时的情绪有多么大的联系，在其后的40多年中，随着当时情景的记忆的唤起，自然引起雨果相应的情绪活动，而这种情绪随着生活认识的提高而更加深化，直接影响雨果的一系列文学创造活动，这些创造活动的成果便是《巴黎圣母院》、《悲惨世界》等文学巨著。

与记忆相比较，在创造活动中，想象与情绪的关系更为密切，因而也更值得注意。首先，情绪可以激发创造主体的想象活动。中国古代《毛诗序》中有这样精彩的描述："诗者，志之所之也。在心为志，发言而诗。情动于中而形于言，言之不足故嗟叹之，嗟叹之不足故咏歌之，咏歌之不足，不知手之舞之，足之蹈之也。情发于声，声也文谓之音。"这就是情绪激发想象活动的再好不过的注脚。创造主体产生了比较强烈的情绪时，就很自然而然地进行有关的想象；而创造主体的情绪愈丰富，想象也就愈活跃。其次，创造主体在想象的过程中所体验到的丰富和强烈的情绪，可以反过来加强想象的积极性和生动性。

英国作家狄更斯在其名著《大卫·科波菲尔》的序言中写道："我在这部书上的兴趣是那么亲切，那么强烈，我的思想是那么悲喜交集——喜的是一个长久设计的完成，悲的是许多伴侣的别离。""在一种经历两年的想象工作的结尾，这枝笔是怎样悲哀地放下；或，当著者头脑中一群人物就要永远离开他时，他怎样地觉得仿佛把自己的一部分投入淡忘的世界。""对于我的想象所产生的每一个孩子，我是一个溺爱的父母，我在身心的最深处有一个得庞的孩子，他的名字就是大卫·科波菲尔。"狄更斯的自白说明，小说中的人物乃是通过想象创造出来的；而想象的过程自始至终伴随着强烈的情绪活动，联系着创造主体深厚的感情。

情绪的分类

情绪和创造主体的观念及评价系统分不开。人的社会情绪组成了人类所特有的高级情绪系统，反映着人与社会的一定关系，体现出各个人的精神面貌。高级的社会情绪可以分为道德感、美感和理智感。

道德感是创造主体运用一定的道德标准评价自身或他人行为时所产生的一种情感体验。行为符合道德准则便产生满意、肯定的体验，如爱慕、敬佩、赞赏、热爱、欣慰、荣誉等；不符合便产生消极、否定的体验，如羞愧、憎恨、厌恶等。创造主体尽到了责任会感到心情舒畅，未尽到责任便感到内疚。

道德感和道德认识、道德行为是紧密联系的。对道德观念、道德行为和道德准则的认识是产生道德感的基础。

道德感从社会生活的各个方面表现出来，它表现在对待祖国、集体、人与人之间的关系上，也表现在工作、事业、学习等诸方面。如爱国主义情感、国际主义情感、集体主义情感、责任感，义务感、荣誉感、自尊心、事业心等。

道德感的表现形式可分为以下三种：

第一，直觉的道德情绪体验。直觉的道德情绪体验是由对某种情境的感知而引起的非常迅速突然的体验。如在某种情境中，由于自尊心或责任感的驱使而大胆果断地制止某些不道德的行为，它是道德行为习惯和道德品质的直接表露。

第二，与具体道德形象相联系的情绪体验。与具体道德形象相联系的情绪体验是通过创造主体的想象发生作用的情感，如通过学习优秀人物的事迹，对他们的高尚品德产生敬慕的情感。榜样对创造主体的感染作用就是通过这种体验而发生影响的。

第三，意识到道德理论的情感体验。意识到道德理论的情感体验是以清晰地意识到道德要求为中心的高级情感。它是与创造主体深刻的伦理观念相联系，在对人生理想的理解基础上产生的深刻而自觉的情感体验。

美感是创造主体对客观事物或对象美的特征的情感体验，是由具有一定审美观点的创造主体对创造对象进行评价时产生的一种肯定、满意、愉悦、爱慕的情感。

美感与道德感同为高级的社会性情绪，所以，既有相同点又有各自的特点：

第一，美感由具体可感的事物引起，抽象的东西不可能产生美感；道德感可以由具体的事物引起，也可以由抽象的事物引起。如各种科学的定理和公式、抽象的道德理论、人物评传能引起创造主体的道德感，但不能使创造主体产生美感。

第二，美感对象范围比道德感的对象范围大。道德感是由社会事物引起的，社会中符合道德要求的具体事物，既是善的也是美的，所引起的情绪既是道德感也是美感。自然界中美的事物与道德无关，所以，自然美能引起美感，却不能引起道德感。

美感是复发的，有许多层次。一般分为本能美感、性爱美感、知性美感、德性美感。

本能美感是最原始的美感，是生理机能的快活，为动物和原始人所共有，是人类最早的审美需要。这种生理快活是由无任何思想内容的颜色、线条、图形及节奏所引起的。

本能美感虽然是最低层次的原始美感，但却是最基本的美感需要，人类需要它仅次于饮食。因为生理快活是人最基本的需要，没有生理快活，人的机体就会失去平衡，受到破坏乃至死亡。人的生理快活有二个主要来源：一是衣食的需要得到满足，二是色彩、线条、形体、声音等形式美的需要得到满足。两者相比较，前者无疑是最重要的，但没有后者决也不行。一个人尽管丰衣足食，如果周围的色彩、线条、形体、声音，不是和谐的而是杂乱无章，不是美妙有趣而是丑陋呆滞，不是富于节奏而是狂乱不堪，那么他的生理机能一定会陷入紊乱而至被破坏。

性爱美感是美感中的一个层次、一个品种。它与本能美感的区别在于：本能美感纯粹是生理快感，不具有社会内容，是一种低级的情绪；性爱美感属于比较高级的情绪，具有社会内容。但性爱美感与其他高级层次的美感又有明显的区别：高级美感不带有生理本能，性爱美感却是以性欲本能作为基础，所以它是一种特殊的美感。

知性美感是美感的第三个层次，比本能美感和性爱美感更为高级，是理智感与美感的统一体，不但给人愉悦，而且能激发人的心智，促人向往真理。

知性美感比本能美感和性爱美感更为复杂、深刻。本能美感只是色彩、线条、声音等方面的形式美引起的美感，是极简单的情绪，基本成分就是愉快。由于其对象只是形式美，没有什么社会内容，所以很肤浅，只是使人得到感官上的满足，即怡情悦目，所以既会强烈，也会动人心志，而且容易消失。

知性美感虽比本能美感深、高级，而且表现得十分强烈，但它也比较单纯，缺乏深刻的社会意义。知性美感充满惊喜、疑喜和确信的快慰，所以表现得非常强烈。此外，知性美感的对象是具有知识和真理的东西。它在唤起美感的同时，还能给人知识和真理，启迪人的心窍，开发人的智慧，满人胸怀，悦人心志。

德性美感是道德感与美感的统一体，是最高尚、最强烈、最深沉的美感。这首先因为它的基本内容是道德感，而道德感是最高尚、最强烈、最深沉的情绪。其次是由德性美感对象的特殊性所决定。社会美的价值主要不在于它的形式，而在于它的内容，即看这件事物是否是善的，是否对集体、民族、国家、人类社会有利，有利的就是美的。因此，社会美具有深刻的社会内容。人的美是社会的核心，是德性美的体现，而人的内在美又突出表现在人的道德品质上。人的外在美固然楚楚动人，但比起内在美就相差极大了。人的美貌能令人怡情悦目，爱慕、倾倒，但人的内在美则是感人肺腑，惊天动地，流芳千古，传颂万年。另外，社会美不仅以其德性内容打动人，而且还可兼有新奇信息的引人。社会美本身就是一种信息，能产生德性美感。

理智感是创造主体在智力活动过程中认识、探求或维护真理的需要是否获得满足而产生的情感体验。

创造主体在认识创造对象的过程中，有所发现、有所创造时所产生的欢喜与自豪，突然遇到与熟知的规律相矛盾的事实时所产生的怀疑与惊讶，判断证据不足时产生的烦恼与不安，对真理的追求和科学的热爱，对偏见、迷信、谬误的憎恨等，都属于理智感。这种情感在创造主体的创造活动中有着巨大的作用。

生产的发展、社会的进步都是以发明创造为先导的。探求各种事物和现象发生与发展的原因、结果或规律，有赖于创造活动。创造主体在认识创造对象，进行创造活动时，对于新的还未认识的创造对象，表现出求知欲、好奇心。创造主体的认识活动越深刻，求知欲望越强烈；追求真理的情趣越浓厚，则创造主体的理智感也越深厚。历史上很多科学的创造活动是在逆境中进行的，坚定而深刻的理智感是鼓舞他们追求真理的精神力量。

理智感与创新

理智感是创造主体的一种高级情绪，是创造主体在创造活动中产生的情绪体验。好奇心、惊奇感、怀疑感与自信感是理智感的不同表现形式。理智感的不同形式是相互联系、相辅相成的。创造活动与理智感密切联系，有助于创造力的发挥。

好奇心是创造活动的心理动力，能激发创造主体的创造动机。伽俐略对摆动现象的好奇心驱使其发现了钟表的“等时原理”。巴甫洛夫对狗见食物流口水的好奇心，促使他创立了高级神经活动生理学。

好奇心能增强创造主体观察的敏感性，使创造主体在创造活动中及时发现问题。创造主体缺乏好奇心，就会在问题面前视而不见，听而不闻。创造主体具有强烈的好奇心，遇事就会追根寻源，有一种一定要找出令人满意的解释的强烈愿望。所以，好奇心能激发创造主体的创造活动，使创造主体在创造活动中遭到挫折时毫不动摇，以坚强的毅力直到探索到答案为止。

好奇心在创造活动中具有极为重要的作用，所以，杰出的科学家很重视好奇心。英国科学家贝弗里奇说：“也许，对于研究人员来说，最基本的两个品格是对科学的热爱和难以满足的好奇心。”当爱因斯坦誉满全球时，他却说：“我并没有什么特殊的才能，我只不过是喜欢寻根问底地追究问题罢了。”

惊奇感与好奇心密切联系在一起。好奇心引起惊奇感。爱因斯坦高度重视好奇心与惊奇感在创造活动中的作用。他说：“我们所能有的最美好的经验是奥秘的经验。它是在真正艺术和真正科学发源地上的基本感情。谁要是体验不到它，谁要是不再有好奇心也不再有惊讶的感觉，他就无异于行尸走肉，他的眼睛是迷糊不清的。”

惊奇感促使创造主体思索问题，寻求问题的答案，从而推动创造性思维与创造性想象的进行，爱因斯坦认为“思维世界的发展，在某种意义上说是对惊奇的不断摆脱”。诺贝尔奖获得者休伊什和乔丝琳·贝尔就是从奇怪的记录图形的探究中发现脉冲星。惊奇感在这之中起着一定的推动作用。

怀疑感是创造活动的一种理智感。中国古代学者很重视怀疑感在创造活动中的作用。明代陈献章认为："学贵如疑，小疑则小进，大疑则大进。绛者，觉司之机也。一番觉悟，一翻长进。"明代李贽说："学人不疑，是谓大病。唯其疑而屡破，故破疑即是悟。"

李四光很重视怀疑感在创造活动中的作用，他鼓励创造主体要敢于怀疑。他说："不怀疑不能见真情，所以我希望大家都取一种怀疑的态度，不要为已成的学说压倒。"怀疑感能促进创造主体产生创新意识，增强创造主体的思维批判性，促使想象力活跃。

怀疑感是打破旧观念、旧学说，建立新观念、新学说的一种心理推动力量。创造主体具有怀疑感，才能对不符合客观事实的旧观念、旧学说提出质疑，才能突破传统观点的束缚，才能有所发现，有所创造，在创造活动中有所前进。17 世纪法国医学家哈维首先对"心脏之动作唯神才知道"的谬误提出疑问，通过观察与实验，发现了动物体内的血液循环。李四光敢于怀疑世界性"油权威"和"中国无油说"，提出中国有油说。大庆、胜利等大油田的开发证实李四光的怀疑是对的。

自信感是创造主体的创造力处于最佳状态的一个重要的理智感条件。自信感使创造主体不仅能强化创造需要与创造动机，而且对创造活动的成功充满着信心，从而充分调动创造主体的智力因素，为实现创造活动的目标而充分发挥效应。

自信感使创造主体对自己的正确观点与理论充满信心。在科学史上，当正确的科学理论遭到攻击与围攻时，创造主体充满着自信心，仍然为真理而斗争。意大利科学家布鲁诺为了捍卫科学真理而英勇牺牲，他坚定地说："火并不能把我征服，未来的世纪会了解我，我知道我的价值。"中国经济学家马寅初提出《新人口论》，遭到错误的批判，但他坚信自己的理论是正确的，因此，他单枪匹马，孤军奋战，绝不向以势压人的批判者投降。

自信感与自以为是、盲目自信是两回事。自信感绝不是空中楼阁，不是建立在沙滩上。自信感是建立在对事物的规律的认识上。门捷列夫发现化学元素周期律，并对当时未发现而以后会发现的元素预言充满自信心。门捷列夫的这种自信心建立在他对化学元素周期律的正确认识的基础上。

思考创新精神与个人意志

意志、毅力和精力

意志就是自觉地认识并确定目标，根据目标来支配、调节自己的行动，克服多种困难，从而实现目标的主观能动过程。

创新就是一种意志行为，创新的特征就是克服困难，做前人和别人没有做的事。因此，在诸多非智力因素中，意志与创新的联系是最为密切的。

毅力是意志品质中的一个，即意志的持续度，或者称为意志的坚韧性、坚持性。毅力顽强的人，由于有符合客观实际的目标，深信自己的目标和实现目标而采取的行动是符合客观发展要求的，因而能正视各种困难、百折不回地为实现既定目标而努力，坚决、果断地采取行动。英国作家狄更斯这样评价毅力："顽强的毅力可以征服世界上任何一座高峰。"

清代画家郑板桥在《竹石》一诗中用这样的诗句来比喻毅力：

咬定青山不放松，立根原在破岩中。

千磨万击还坚韧，任尔东西南北风。

精力也是一种意志品质，是指在达到一定目标的过程中具有充沛的克服困难的能力和从事各种活动的紧张程度。它不仅是一个人能力的表述，而且还是一个人在活动中的兴奋性、准确性和有效性的心理品质的表现。

创新需要集中精力，力争调动一切创新能力于一点突破。法国昆虫学家法布尔对一个询问他研究经验的人说："把你的精力集中到一个焦点上试试，就像这块凸透镜一样。"

要学会选择和自控，把注意、观察、思维、想象力都集中到创新的主攻方向上，尽量使自己兴奋起来。

歌德说："把精力集中到有价值的东西上面，把一切对你没有好处和对你不适宜的东西抛开。"

意志产生巨大力量

施密特在生命垂危的近5小时内，仍在记录不止，意志使他一直坚持到最后一刻。一个意志薄弱的人恐怕早就吓昏过去了，甚至死亡也会来得早一些。在意志的奇迹面前，许多人觉得不可思议，意志能够使人调集身体各部分的潜在能力，做出超出人的一般体能的事情来，而创新是需要人在创新活动中迸发出更大的力量的。

意志是人自觉地以人的认识对自己的情感进行控制和支配为基础的。认识和情感是因为有客观刺激物才产生的。

创新的奥秘有巨大的吸引力，创新的结果给人以希望和召唤，创新本身就是一种强烈的外界刺激。它反映到我们的大脑中，在大脑皮质的相应部位急剧地形成兴奋中心，通过大脑皮质下的中枢神经的反应，血液循环和呼吸加快，有助于各种器官从血液中获得更多的糖，糖分解放出能量，供给人体进行活动，增大了力量。

人在兴奋时感到有使不完的劲，甚至几天几夜不觉疲劳。同时，糖分解也产生使人疲劳的乳酸，但呼吸加快使大量的氧进入身体去分解乳酸，继续释放能量，同时呼出由乳酸分解所产生的二氧化碳，从而减轻疲劳以保持身体各部的活动性。

相反，在意志薄弱者身上，不会出现这种"奇迹"。这是因为他们的认识常与自身得失、安危相联系，情感也是淡漠的，因此，在大脑中产生的兴奋不强烈、不集中。同时，患得患失、怕苦怕累的认识和情感还在干扰兴奋，不能引起人体的相应反应，一旦有了行动的不舒适感、困难感、痛苦感，会立刻反馈回大脑，行动就会动摇。意志薄弱者的行动常常半途而废就是这个道理了。

创新者的认识越自觉、越坚定，他控制和支配自己情感的意志就越坚强、越持久，产生的创新力量也越大。

如何锻炼坚强的意志

意志不是先天的，从来没有所谓生下就是意志坚强的人。意志是在实践中、在奋斗中逐渐地培养和锻炼起来的。创新活动困难重重，本身就是一个很好的锻炼环境和机会。

那么，如何在创新活动中培养坚强的意志呢？

首先，让辩证法帮助你坚定意志。创新与失败似乎有天然的姻缘——辩证思维帮助创造者对创造的失败和挫折进行科学的分析，从而激发勇气、培养意志品质的坚韧性。

其次，要摸清自己的弱点，要有点与自己“作对”的气概，从小事做起，磨炼意志。一个人的意志品质不十分理想，这并不是说他样样品质都不理想，而是在某一方面有缺欠，这种缺欠又影响别的品质，使其总体意志品质不佳。

例如，你的主要毛病是果断性稍差，遇事不善于适时下决心和采取决策，总是犹豫不决，瞻前顾后，在开始行动之时，你就缺乏信心，动摇不定，开始之后还在不断地修改决定，最终放弃决定，中止行动。找到自己的弱点，先从小事做起，有了进步，及时巩固；出现动摇，拿出点偏与自己“作对”的气概，正确决策后坚持下去，意志就会一点点坚强起来。

再次，要想使意志行动达到理想的结果，就必须符合事物客观规律的要求。创新成功没有一回是靠蛮干的，创新的新颖性特征更要求行动的科学性。要培养创新者的意志，就必须首先帮助他们掌握创新的必要知识和技能。常言说的“艺高人胆大”、“知识就是力量”表明了它们之间的转化关系。所以说，人的意志行动是和一定的技能、知识及熟练的技巧密切联系着的。

最后，要在创新中提高自控能力，自控往往是通过自我暗示来维持和实现的。心理学中把暗示定义为用含蓄、间接的方法对人的心理状态产生迅速影响的过程。暗示可以采取语言的形式，也可以使用其他形式。

自我暗示是暗示的一种，它不是来自外界而是发自内心。自我暗示有消极和积极之分，前者引起不良后果，后者则起激励作用——即使自己处于不利之地，也总是鼓励自己，增强信心去完成预想的目标活动。例如，当创新失败后，仍暗示自己干下去一定能成功，这对创新是有利的。有人用格言、名言、警句随时暗示自己，这也是一种好方法。林则徐曾经有爱发火的毛病，为此，他大书“制怒”二字悬于墙上，当他在发怒中处置事情时，一看字幅，即能收到制怒效果。

思考创新精神与学习态度

看似荒谬的想法

我们这里所说的“看似荒谬的想法”，指的就是一些伟人大胆提出的假说，他们用独特的创造意识和丰富的知识积累再对这一假说进行发明创造。

恩格斯曾指出：“只要自然科学在思维着，它的发展形式就是假说，一个新的事物就被观察到了，它使得过去用来说明和它同类的事实的方式不中用了，从这一瞬间起，就需要新的说明了，它最初仅仅以有限数量的事实和观察为基础，进一步的观察材料会使这些假说纯化，取消一些，修正一些，直到最后纯粹地构成定律，如果要等待构成定律的材料纯粹起来，那么这就是在此以前要把运用思维的研究停下来，而定律也就永远不会出现。”

对各种相互联系作系统了解的需要，总是一再迫使我们不得不在最后的终极真理周围营造丰收茂盛的“假说”之林。恩格斯的这段话论述得十分精辟，在大多数情况下，创造都是以科学假说为先导的。

科学创造不是一瞬间的活动，而是一个过程，要求科学家把全部所需资料收集齐后再去作出发现是不切实际的，他们需要提出假说指导下一步的工作，以加速发现过程。

正像在一个陌生大地上旅行的人一样，不是等待有关这块土地的信息收集齐后，再前进，而是先设想某一条道路可能会达到目的地，然后边走边观察、边打听，逐步校正自己的方向和道路，科学家正是借助假说充分发挥他们的创造性，走上成功之路。善于提出假说的科学家，比只知道搜集资料的科学家的工作会有成效得多，正如培根所谈到的蜜蜂与蚂蝗的区别一样。

1543 年，波兰伟大的天文学家哥白尼发表了《天体运行论》，积 40 年的探索和观测，终于创立了以太阳为中心的宇宙学，向“地心说”提出挑战，向科学的宇宙体系迈出了十分艰巨而又最为关键的一步。

由于宇宙的复杂性和当时科技水平的局限性，这种理论体系是一种假说，那么，这个假说是如何产生的呢？应当承认，哥白尼提出这种新的宇宙学假说不是偶然的，当时托勒密的“地心说”与天文观测事实相矛盾，应用“地心说”不能准确测定地球上的方位，而且无法满足历法的需要，此外，哥白尼还受到以意大利为中心的文艺复兴运动的启迪，敢于正视 113 体系遇到的困难，继承了来自古希腊的哲学和各种不同于“地心说”的宇宙学模型，这是他的假说形成的社会背景和思想基础。

哥白尼的宇宙学说经过后来的伽利略、开普勒、牛顿等一系列的逻辑论证和实践检验，已建立在坚实的物理学基础之上，成为人们反对这一假说的依据，尤其是 1821 年法国学者布瓦尔德发现了天王星的实际运行轨道有偏离理论计算的椭圆轨道的现象。这样，天王星轨道的摄动就构成了检验日心说的一个最关键的步骤，只有在伽勒根据法国青年勒维烈的揭示下发现了海王星之后，天王星轨道的摄动现象才得到解释，哥白尼的学说才成为人们公认的科学理论。正如恩格斯评价说：“哥白尼太阳系学说有三百年之久，一直是一种假说，这个假说尽管有百分之九十九、百分之九十九点九、百分之九十九点九九的可靠性，但毕竟是一种假说；而当勒维烈从这个太阳系学说所提供的数据，不仅推算出一定还存在一个尚未知道的行星，而后来伽勒确定出了这个行星的时候，哥白尼的学说就被证明了。”

由此可见，假说不仅是一种认识，具有知识形态，而且更是一种研究方法，可以用于科学创造的任何一个阶段。假说是根据一定的科学事实和科学理论，对研究的问题所提出的假定性的看法和说明。

大部分假说来源于理论与实践的矛盾，随着人们实践活动的发展，一些新的事物被发现，而旧的理论不能解释，于是产生了一种新的猜测性的说明——假说。如我们前面举到的“日心说”，此外，X 射线、放射线、电子的发现与原子不可分的学说发生冲突，于是产生了各种原子结构的假说，有的假说是为了直接解决理论自身的矛盾或对新的事物矛盾的假定性说明，比如哈恩否定费米的假设而提出自己的假说的过程。

由于当时意大利物理学家费米推断失误，匆忙宣布发现了超铀元素，成为科学史上的一个大失误，后来，德国化学家哈恩通过正确的推断，提出了大胆的假说：最重的一些元素吸引中子之后直接分裂成为两个差不多对等的部分，从而产生了一些位于周期表中间的元素，最终发现了裂变反应，推翻了费米的假设，从而获得了 1944 年的诺贝尔化学奖。

假说通常有两个特征：一是具有一定的科学依据，任何假说都以一定的事实或理论作为根据，解释与它有关的事物和现象，而避免与它引为根据的已有理论的矛盾，比较而言，事实更为重要，因为理论要服从事实，假说必须能解释事实，比如哥白尼的“日心说”是在前人的理论和自己发现的事实基础上提出的，哈恩的也是如此；二是假说还具有一定的猜测性和假定性，它虽然以科学为依据，但在研究问题时，根据常常不足，资料也不完备，对问题的看法只是一种猜测，所以任何假说都常有猜测性和假定性成份。同时对同一问题，会有不同的假说，但这些假说都要制约于反映客观情况的真实程度。

所以，假说在科学研究中有重要的作用，看似荒谬的想法也是发挥创造性思维能动性的有效环节，而且不同看法的争论由于科学研究的深入而发展。它凝结了一代甚至几代人的劳动，离开假说科学不可能取得进步。

提问才能见真理

爱因斯坦曾说过：“提出问题比解决问题更重要。”亚里斯多德也有句名言：“思维是从疑问和惊奇开始的，常有疑点，常有问题，才能常有思考，常有创新。”

由此可见，任何科学的发现，无不是从问题开始的。对于每个人来说，要想获得知识和在某一方面取得进步与成绩，都必须遵守循序渐进的原则，即在原有的知识和能力的基础上继续学习和深造，一步一步地更新知识，发现、发明、创造同样也是如此，一个人不可能凭空创造，不可能无中生有，他的创造发明应在一定的条件下，有一定的知识和技能的积累，按照一定的规律，合理地利用所具备的一切条件而进行。

在创造和发明的过程中，如果我们一味地相信现有的一切都正确，持“向来就是如此”的态度，只能导致原地踏步。循序渐进不是墨守成规，更不是以旧的东西为准绳，束缚人们的思想。“迄今或许如此，然后如今恐怕并非如此”，我们需要经常以这样的态度和意识来观察事物。

在十七世纪，西欧和中欧各国的冶金工业有了很大的进展，许多化学家都把精力集中在有实际应用价值的燃烧理论方面。在化学史上出现了由著名化学家史塔尔创立的“燃素说”。

这种学说认为，一切能燃的物质里面都含有一种特殊的燃素物质，在物质燃烧时，本身所含的燃素便分解出来，因此，燃烧的本身便是失去燃素的过程，这一学说风行一时，受到了许多化学家的推崇，人们把化学上的许多问题，都用“燃素说”来解释，“燃素说”统治了化学界百年之久，随着生产的发展和科学的进步，传统的“燃素说”不能解决的问题越来越多了。这个学说明显地成了化学前进的绊脚石，俄国大化学家罗蒙诺索夫和法国著名化学家拉瓦锡就是敢于用自己的实验和理论打破这一局面，向“燃素论”挑战的人。

1736 年深秋，罗蒙诺索夫以在彼得堡科学院附属大学学习的优异成绩和其他两名同学一起，被科学院派往国外学习，他们来到德国的马尔堡大学，跟随著名的物理化学家沃尔夫教授学习，罗蒙诺索夫非常善于独立思考，思想上从不受前人的束缚，对科学问题敢于提出自己的见解，经过一段时间的学习后，就是对沃尔夫教授的某些观点也常常持有不同的看法。

有一次沃尔夫对学生们几天前进行的燃烧试验进行讲评，依据的就是“燃素论”。学生们像在听圣经一样静静地听着，没有人敢对此说出半个“不”字，可年轻的罗蒙诺索夫却敢于提出自己的疑问，他在教授讲完后站起来说：“教授，我经过反复思考，认为有燃素的说法很值得怀疑。”“怎么？你怀疑燃素的存在吗？你能用实验证明吗？”教授听了大吃一惊。“我暂时还不能。”“那等你有了实验证明再作结论吧！”

当时罗蒙诺索夫虽然不甘心，却也只好沉默，然而他在心里已经埋下了志愿，一定要用实验证明自己的观点。到了1741年，他学成回国，几经周折建造了科学院的化学实验室，1750年他开始利用实验手段向“燃素论”正式挑战，他将一块金属称了重量之后放到一个专门的玻璃容器里，然后将容器的颈部焊死，放在加热炉上熔烧，然后再打破容器取出金属的烧渣称其重量，发现它比原来的重量有所增加。

“增加的重量是哪里来的呢？按照‘燃素论’说法来讲，烧后的烧渣应比原来的金属轻才对啊，可见‘燃素说’与事实不符，可容器里别无他物，只有空气……难道是金属与空气的微粒化合了才导致重量的增加？那么容器中的空气重量就应减少，倘若不打破容器，那么整个容器的重量就应不变。”他的这一系列想法在他再一次实验中终于得到了证明，燃烧的整个容器的重量完全一样，这也狠狠打击了“燃素说”，证明了金属的燃烧根本不是燃素在起作用，而是空气作用的结果。

此后，法国的著名化学家拉瓦锡也仔细研究了“燃素说”的内容，他根据对实验的观察也对这一学说产生了怀疑，经过数不清的精心实验，拉瓦锡终于证明了物质本身并不含有什么燃素，燃烧是绝对离不开空气中的氧气的，物体燃烧时，是在和氧气化合，所以重量增加。1789年，拉瓦锡拨开了“燃素说”的迷雾，为人类更好地认识世界提供了新的武器。

在科学上许多重大发明都需要对已有的理论或经验提出疑问，以激励自己进行探索。如果总是墨守成规，迷信已有的知识，对任何事情都不敢提出疑问，那么我们的认识就不会更深入、更广泛，就没有更多的新思想、新理论、新事物产生，我们的生活条件和环境也不会有所改善，世界也就无法前进了。我们可以把科学看作是从发现问题而发展起来的。“开水为什么会沸腾？”“为什么会发生地震？”……科学家们正是为了解决这些问题而进行着忘我的研究。

问题，对于人类的创造是一种激励、一种挑战，正因为人类敢于接受这种挑战，才有问题的不断出现和不断解决，人类才不断地丰富自己的知识，因此，一个问题的解决，就意味着人类在改造大自然中又取得了新的成就，对自然王国的认识又前进了一步。而解决问题的前提是不受前人的束缚，敢于打破旧框框而提出问题的过程，也正是思考问题的过程，更是学习知识和理论的过程，凭空提问是没有任何意义的，如果一个人对某一个事物能够提出自己的看法和见解，提得越多，说明他对这个事物的了解、分析和研究越深入。

从以上的几个实例我们可以看出，科学史上的重大发现和技术上的发明创造，都必须有敢于提出疑问、敢于对过去的理论或技术提出修正的精神。罗蒙诺索夫和拉瓦锡对“燃素说”提出怀疑后没有就此止步，他们都经过多次实验和积极的思考，逐渐接近真理，终于发现了崭新的燃烧理论。它给了我们一个启示：敢于解除迷信，提出问题是进行科学创造的关键一步，把握住这一点，对创造意识的开发将有很大帮助。

要坚持批判精神

科学技术的进步是不断创造的结果，往往创造活动也都是这样，创造活动既要以继承为前提，更要以创新意识为条件。

创造者在有效地从事创造活动时，却必须要有创造精神和创造能力，创造精神既表现在强烈的创造动机上，又表现在对各种事物的批判精神和革新精神上。创造力则是一个创造者必须具备的一种创造性品格。创造力并不是抽象不可捉摸的东西，任何创造能力总是要在解决问题的过程中才能表现出来。而要解决问题，首先要发现问题，提出问题，问题是科学探索、技术创新以及其它一切创造活动的起始点，创造性地解决问题，是产生新成果的必经之途。

在一定意义上可以说，科学技术的发展史上，人类文明的进化史也就是一部在科学、技术、文明领域中不断提出问题解决问题的历史。英国著名化学家道尔顿以原子量为核心提出了新原子论，为化学史的发展提供了一个重要的理论基础。恩格斯说：“化学的新时代是随着原子论开始的。”

但是道尔顿的原子论也存在着毛病，其中之一是他用复合原子概念代替分子的概念，忽视了分子与原子的本质区别，正是由于这一点，原子量的测定陷入困境，而盖·吕萨克气体反应定律对道尔顿原子论是支持的。

没有想到首先起来反对的恰恰是道尔顿本人，因为他认为，如果按盖·吕萨克的说法，一个体积的 O_2 和一个体积的 N_2 化合成两个体积的 NO，那么 NO 的复合原子岂不是由半个氧原子和半个氮原子组成吗？

这是和原子不可分的观点相矛盾的，这就是他持反对态度的理由。他们两个人互不相让，终于引起了一场争论。1811 年阿佛伽德罗提出了分子的概念，提出分子与原子的区别，他指出原子是参加化学反应的最小质点，而分子则是游离状态下单质化合物能独立存在的最小质点。他同时还修正了盖·吕萨克的假说，提出在同温同压下，相同体积的一切气体中含有相同数目的分子，而不是相同数目的原子，他将前人的研究成果统一起来，形成了科学的原子—分子论。

这时，道尔顿又起来反对说："在同温同压下，同体积的不同气体所含有的气体粒子数，随气体而异。"出现了原子论的创始人阻碍了原子论进一步发展的可悲事实。18 世纪著名化学家席勒等人发现了氧气，由于当时流行的"燃素说"的束缚未能得出科学的结论。

19 世纪，一些有胆识的人开始探索怎样实现人类上天飞行的夙愿，有些科学界的名流站出来劝阻，最早用三角方法测量同地距离的法国科学家勒让德说："制造一种比空气重的装置去进行飞行是绝不可能的。"赫尔姆霍茨从物理学的角度论证要使机械装置飞上天纯属空想，美国天文学家纽康通过大量的"证明"，认为飞机甚至无法离开地面，可是到了 1903 年，飞机还是飞上了天。

人都或多或少地存在着思维惯性，习惯于依据已有的知识，按常规方法去思考问题，当出现与已有知识相矛盾的新理论、新知识时，就会感到不以为然，体现不出强烈的批判精神，难怪贝尔纳说："构成我们学习的最大障碍是已知的东西，而不是未知的东西。"上述的实例反映的正是这一情形，这告诉我们，创造者在从事创造活动中，要警惕，不要受"已知"的束缚，要摆脱传统观念和习惯思维方式的影响，以保持独立思考能力和批判的革新精神。

批判的革新精神，不仅对科学创造很重要，对我们所面临的各项改革工作也同样有着重要的意义，改革每前进一步都要战胜不少阻力，阻力或者来自“左”的束缚，如把竞争等同于资本主义，把打破大锅饭说成是不要社会主义优越性，把农村搞承包责任制看成是走回头路等等；阻力或者来自习惯势力，我国有着悠久的文明史，值得我们引为自豪，但是封建社会和小生产方式所带来的传统观念和习惯势力并不赞赏改革，它们随时都在对新事物评头品足，求全责备；阻力还来自某些人的消极悲观的态度，他们因循守旧，遇事翻老皇历，有的“勇于保守、怠于改革”或者“傻子过年看隔壁”，依样画葫芦应付一下，时代在前进，形势时时刻刻在变化，企事业领导要使自己的部门、单位不断适应变化着的形势，就必须放开眼界，密切注视内外情况，以革新的精神排除种种阻力，坚持改革。

而一个人的创造力的强烈、平淡，不仅与知识经验有关，而且与他的“问题意识”的强度和明晰程度的关系更加密切。所谓“问题意识”，实际上就是一种寻根究底的精神，一种革新的批判精神，“问题意识”也是萌发创新思想的前提，是创造的起点。

具有“问题意识”，以科学的批判眼光去看待各种事物，才可以不受传统观念束缚。传统思想，习惯看法，权威教条等既成观点，常常也会成为阻挠创造的障碍，这种障碍通常都会有三种表现形式：一是知觉上的障碍，即来自我们自己的知觉方面的障碍；二是文化上的障碍，所谓文化上的障碍是指每个人常常在有意无意中有附合“流行思想”、“习惯看法”、“传统观念”的倾向，而这种倾向往往容易束缚人的创造力，一个人如果不敢冲破“流行思想”的束缚，不敢冲破“常规”，深受“趋势”和“潮流”的控制，便会埋设创见，创造力就难以发挥，可见文化障碍是由社会背景所造成的一种障碍；三是感情上的障碍，这是在个人的思想、感情所造成的障碍，如自尊心、个人得失的考虑所造成的障碍；只要我们能冲破以上三种障碍，用批判革新精神看待事物，就会培养出大师般的创造意识，进行成功的创造。

在革新下加以模仿

今天，飞机对于我们来说已经是习以为常的事了，提出它，你也许会不屑一顾，但是如果翻开航空发展史，你就会为自己的傲慢与偏见惭愧。人们为了像鸟一样自由地飞翔，经历了漫长的探索年代，也付出了巨大的代价，不少人为此献出了自己的生命。

你是否这样想过，人类从诞生之日起就不甘寂寞，探索和创造向来就是人的天性，当看到鸟儿在天空自由飞翔的时候，人们坐不住了，他们认为，鸟类能够展翅高飞是翅膀在起作用，于是很多人把人工翼绑在臂上模仿鸟类飞翔而摔死了，后来者在进一步研究鸟翼形态的基础上逐步学会了制造滑翔机，在有利的上升气流中飞向天空，继而，人们又在思考怎样才能保持持续飞行的问题。

早在1809年，英国的乔治·凯利爵士就曾预言飞机应是这样的："基本原理必定与滑翔中具有坚固翅膀的鸟一样，只是需要研制合适的发动机，布尔顿和瓦特的蒸汽体也许是可能的动力源，但是，轻重问题是十分重要的，以致大概要利用火药或液体突然燃烧而产生的空气膨胀作用。"莱特兄弟的双翼飞机于1903年完成了世界上首次飞行，实现了凯利爵士的预言，在航空史上具有划时代的意义，但是，在此之前，人们所做的各种努力可能就鲜为人知了。1483年，达·芬奇设计了扑翼式飞机，可惜未能制造；1783年，有两人乘坐蒙特哥菲尔发明的热气球飞行了五里，这是受气球的启发而模仿制作的；1783年墨尔尼设计了一艘飞船，这是首次建议使用螺旋桨推进的飞船。

莱特兄弟及上述各位探索者们所作出的贡献，已载入了世界航空史册，但公正地说，那些开始想模仿鸟飞并献身的未留下姓名的先驱者们更应该大书一笔，因为后来者每一个设计中的进步都是与模仿分不开的，这样的例子可以信手拈来，比如我们可以把加工的木棍看作是对天然木棍的模仿，把骨针看作是对鱼刺的模仿，把剑看作是对动物角的模仿，这种简单的模拟或模仿虽然是极其直观表面的，但它的应用是广泛的，作用是显著的。

从自然物转化到工具是一次划时代的飞跃，伟大的创造是人类支配自然的标志，也是人所特有的主观能动性的体现。可见，从我们祖先那里起，从人类在大自然中求得生存和发展起，模拟就一刻也没有离开过我们，从简单的模仿或仿制，到模拟实验以及功能模拟，模拟方法和手段的每一点进步和提高，都对社会文明和进步起了巨大的推动作用。

模拟实验是在直观模拟的基础上发展起来的比较高级、比较复杂的模拟过程，它被广泛应用于现代科学技术的各种创造活动中，对于我们赖以生存的地球，人们的认识还比较肤浅，而对地球昨天所发生的一切就知之更少了，尽管我们可以从它的形成物中运用历史追溯法，以先进仪器设备为手段来反演，推断它昨天发生的运动。比如，可以用古生物化石来对比地层来确定当时的地理环境，用同位素法可以测定岩石的年龄等等，那么除此以外还有没有其他比较有效的方法呢？那就是进行模拟实验，在这方面作出创造成绩的应首推我国地质学家李四光教授，模拟实验不仅可以模拟无法再现的过程，而且更多地运用于将要实施、将要进行的过程，比如许多大型的复杂工程的设计。运用模拟实验，可以预先发现问题以及时纠正和改进，为这些创造性活动提供可靠的数据和条件。模拟实验的目的是通过模型去认识或创造原型，而模拟的更高一个阶段——功能模拟，则是对直观模仿的回归，目的在于发展模型本身。

功能模拟就是以不同系统中功能和行为的相似为基础，从控制和信息方面用模型模拟原型的方法，在这方面最突出的例证就是控制论，以及在此基础上发展起来的智能模拟。控制论的创始者维纳等人在自动机器、生物有机体和人类社会之间作跨领域的横向类比时，发现了某些惊人的相似。

于是，他们把人的行为、目的等概念引入机器，又把通迅工程的信息和自动控制工程的反馈概念引入活动的有机体，产生了控制论的理论和方法。维纳认为，客观世界有一种普遍的联系，即信息联系，任何组织之所以能够保持自身的稳定性，是由于它具有取得使用、保持和传递信息的方法，这种信息的变换过程可以简化为：信息→输入→存贮→处理→输出→信息。其间存在着反馈信息，所谓反馈，是指一个系统的输出信息反作用于输入信息，并对信息再输出发生影响，起到了控制和调节作用，维纳揭示了这种由信息和信息反馈构成的系统的自动控制规律，抓住了一切控制和通信的共同特点，找到了机器模拟动物行为或功能的机制和科学基础。

有人认为，机器和动物具有同构性质，它们都是由操纵机构、受控对象直感通道和反馈通道这四个基本要素构成的有组织系统，人们之所以能把人脑与电脑相类比，正是基于这种同构性质。同时，机器和动物的调节机制类似，都是按照自己的性能进行目的运动的功能系统，另外，机器和动物的反手段也相同，都是呈现其功能特性的反控制系统。运用以上的理论，模拟人脑思维功能的电子计算机不仅成为现实，而且对智能进行模拟的范围在不断扩大，目前已有逻辑证明机、语言翻译机和学习机等等。机器人则是模拟人体机能的综合自动机，现在正从工业机器人向智能机器人发展，可见功能模拟的前景是不可估量的。这些都是我们对模仿在科学技术领域创造活动中的作用所列举的案例分析，其实，在我们的日常生活中，也到处可以看到模仿的现象，随时都可能用模拟的方法来改变我们的环境。

创造的情感意识

鲁迅曾说过："创作需情感，至少总该发点热吧。"又说，"文学的修养决不能使人变成木石，所以文人还是人，既然还是人，他心里仍然有是非、有爱情；但又是文人，他的是非就越分明，爱憎也越强烈，根据心理学家们的分析，由于郁积在胸中的艺术情感和创造情感，与能够满足这一情感的艺术对象和创造对象邂逅机遇，两者"一拍即合"会产生一种强烈的攻击力。鲁日·德·李尔由于对法国国王路易十六的仇视和对祖国深沉的爱郁积在 起，因此他能够以强大的创作动力奋斗一夜，谱写出了《马赛曲》这支雄壮优美的歌曲，把它奉献给挽救国家危亡的义勇军战士。

《鲁滨逊漂流记》的作者笛福，一生坎坷，沉浮于苦难的波峰波谷，他经商、参军、编写报刊文章，多次被捕入狱，这种长期被压抑的艰辛，使他产生了强烈的艺术呼喊的需要，但是在他年近六旬之前，却没有适宜的艺术对象，后来当他偶然在杂志上看到一名英格兰水手被弃置荒岛四年，历尽千辛万苦被带回英国后，多年的需要终于找到了满足的对象，他的创作冲动像炽热的岩浆一样，冲出了火山口。在强烈的震动中，他呼唤出内心的情感，以极快的速度将这篇惊绝世界的名著一挥而就。

我国著名文学大师曹禺也说："写《雷雨》时，并没有明显地意识到我要讽刺什么或攻击什么，只是隐隐仿佛有一种情感的汹涌推动我，我在发泄着被压抑的愤想……”他还说过，创作的材料就是作者体验过的东西，是活生生的感情，是源头的活水，是燃烧的火焰，在他创作《日出》时，感情激荡得令人害怕，在情绪爆发之中，曾经摔碎许多可纪念的东西，他绝望地嘶喊着：“那时想把一切都毁灭了吧!”他像一只受伤的野兽扑在地上，啮着丝丝涩口的土壤……

罗丹说：“艺术就是感情。”郭沫若也指出：“我们知道文学的本质是始于感情也终于感情的，文学把自己的感情表现出来，而它的目的，不管是有意识还是无意识的，总是要在读者心中引起同样的感情作用，那么作家的感情愈强烈愈普遍，而作品的效果也就愈强愈普遍。”

感情因素可以说是文学作品中流动的乳汁，没有灌注情感的文学作品是泥胎、木偶、纸花，是艺术的赝品，激不起读者感情的波澜，也就无法使人欣赏。那些思想伟大，感情激越的作品如《离骚》、《神曲》、《红楼梦》、《人间喜剧》、《母亲》、《狂人日记》，都是伟大而不朽的；而那些意境悠远、感受真切、情意动人的作品，如王维的山水诗，李白的《静夜思》，李商隐的《无题》诗，普希金的部分抒情诗，朱自清的《背影》、《荷塘月色》等，也都是艺术珍品。

心理学家分析说，情感是一种十分强烈的心理活动，一旦艺术创造冲动突然来临，人的心中如春江翻潮、骏马奔腾，一股按捺不住的激情在心中冲撞着、翻涌着，闷得人食不知味，卧不安寝，有的人处于这样的冲动中，甚至感到胸口灼痛，眼睛湿润起来，脊椎都在一阵阵抽搐，甚至有点像一个即将临盆、胎儿已在腹中躁动的妇人，更有甚者竟像害了冷热病一样，已经到了神魂颠倒的地步。

纵观文艺创作史，那些富有艺术感染力的优秀作品，无不是怀着强烈真挚而又富有个性特征的感情创作出来的，《红楼梦》之所以具有这样巨大的艺术感染力，就因为它是曹雪芹字字血、声声泪地写出来的，他自己在书中叹道：“满纸荒唐言，　把辛酸泪。”“字字看来都是血，十年辛苦不寻常”，别人说《红楼梦》是千端情绪，万种柔肠，剖心呕血而出。

感情是艺术的血液和生命，伟大的诗人雪莱认为：“情感是诗的天性中一个主要活动因素，没有感情就没有诗人，也就没有诗。”

列夫·托尔斯泰在解释艺术活动时也说过：“在自己心里唤起一度体验过

的感情，在唤起这种感情之后，用动作、线条、色彩、声音及其言辞所刻划的形象来表达这种感情，使别人也能体验到同样的感情，这就是艺术活动。”

1935 年，爱国记者戈工振老先生逝世时，伟大的爱国主义者邹韬奋先生写了一篇感人肺腑的悼文，沈钧儒先生读后，触动了忧国忧民的沉痛感情，挥笔写下了四首五言绝句，其中第四首是这样写的：“我是中国人，我是中国人！我是中国人！！我是中国人！！！”

为什么会写下这样一首诗呢？据沈老过后回忆：事情是这样的，他在写了前三首之后心潮澎湃，意犹未尽，便写下了这样的第四首诗，下笔先写了一句：“我是中国人。”激昂慷慨，竟不能续，落笔写了第二句仍是“我是中国人！”此时万端上心，激情满怀，再写下一句还是这几个字，一连就写了四句，写完之后，泪滴满纸，情不能已。诗的感情是高级审美的感情，它以真挚、强烈、深沉为特征，以美为规范，是个人之情与时代、人民之情的统一，没有这种感情，它就失去了生命，就像已经枯死的树木，就像干涸的河床、就像没有生机的纸花。

1973 年，德国法西斯趁西班牙小镇格尔尼卡逢集之机，狂轰滥炸，炸死了二千多人，西班牙画家毕加索在巴黎听到这一暴行后悲愤万分，全身发抖，强烈的义愤和爱国激情使他创作出了令人触目惊心的现代派名画《格尔尼卡》：公牛兽性发作、奔马受伤嘶叫、母亲托着死婴、战士肢体断裂，妇女呼叫着从床上跌落，惊恐的双眼犹如灯泡……

一名作家或艺术家、创造家总是从他的内在要求出发来进行创造的，他的创造冲动首先是来自社会现实在他的内心激起的感情波澜上。这种感情的波澜，不但激励着他，逼迫着他，使他不得不提起笔来，而且他的作品倾向，就决定于这种感情的波澜是朝哪个方向奔涌的；他的作品的音调和力量，就决定于这种感情的波澜具有怎样的气势和多大的规模。这就是艺术和创造的动力学原则。

思考创新精神与创新灵感

灵感来自何处

什么是灵感？灵感就是形成创造性认识的刹那间在人脑中的反映，它具有新颖性、突破性。从心理学角度来看，灵感是“人的精神与能力之特别充沛的状态”，“是浓厚情绪的充沛状态”。这状态，保持着创造意识的高度明确，创造对象的注意力高度集中，创造过程的情绪高度专一。

灵感是一种复杂的心理现象，是思维活动中由思想集中、情绪高涨而表现出来的创新能力。创新主体在广博的知识、丰厚的社会经验的基础上进行思考的紧张阶段，通过有关事物的启发，使得在创造活动中所探索和捕捉的某些重要环节得到明确的解决，这就可以说获得了灵感。

比如弗莱明发现了盘尼西林（青霉素），他在做实验时，培养了一个实验皿的细菌。但是实验没有成功，因为实验皿中的细菌被别的细菌侵入，长成了绿霉。弗莱明经过仔细观察后，注意到这个绿霉杀死了器皿中原有的细菌。在注意到这个霉菌的杀伤力之后，弗莱明经过分析、判断，产生了灵感：这个绿色的霉菌中，包含着可以杀死葡萄球菌的物质。于是，他把盘尼西林从霉菌中分离了出来。

在弗莱明之前，有很多科学家报告过霉菌杀死细菌这个事实。但是，由于他们没有产生灵感，没有形成创造性的认识，所以没有发现盘尼西林。

这里所说的灵感，并不是大家苦苦等待的智慧，有些事情你也许不会相信，现代物理学的奠基人爱因斯坦四岁才学会说话，上学后老师给他的评语是“脑筋迟钝、不善交际、毫无长处”，并轻蔑地称他为“笨蛋”，勉强上了高中后，因为成绩极差竟然被开除了学藉，他后来的伟大著作《相对论》完全是由他一念之间的灵感和丰富的知识所完成的。

同样，还有许多许多大发明家也是靠灵感为人类作出了伟大的贡献。爱迪生小时候全班成绩最差，因为他长了个“偏头”，老师带他到一个著名医生那里做检查，医生诊断后，煞有其事地说：“里面的脑子也坏了”。后来他自己也说过，自己的伟大创造都来自灵感。

当然，这些并不代表我要告诉大家在学校可以“不务正业”，而是要向大家说明无论你智商如何，无论你曾经多么失败，只要你有进取心，总会有某些突发奇想的念头，而只要你牢牢把握住，这一念之间的灵感就会成为你伟大的创造。

那么，灵感来自何处呢？

从人的大脑中有潜意识和潜思维的观点来看，灵感产生的心理机制是这样的：一个人很长时间反复思考某个问题却得不到答案、而中间休息或娱乐时，也就是放松一下的时候，这时人的显思维就不再去思考这个问题了，而潜思维却仍在那里工作，因为潜思维比显思维能获得更大更多的信息量，因而它能获得显思维不能获得的思维成果，当潜思维对问题有了一定结果的时候，它会将这一结果输送给显思维，这就是我们所说的灵感了。

大家都知道贝多芬的名作《月光曲》，但有人知道它是如何被大师创造出来的吗？贝多芬在一次演出结束时出来散心，走到了一个破屋前，听到里边传来优美的音乐，他不知不觉走到了门口。

“哥哥，要是我们能买到音乐会的门票该多好啊，”弹琴的女孩忽然停下说道，“可是我们的温饱还不能解决。”

“那都是有钱人去的地方，我们穷人是进不去的。”一个男人说道。

女孩子说：“我多么希望能亲耳听到他的琴声啊！”

说完她低下了头，这时贝多芬推开门进去。

“先生，您找谁？”男人先开了口。

贝多芬说：“我只想借用你们的琴弹一下，可以吗？”

女孩站了起来，给他让了位置，说道：“可惜我们的琴太破了，如果您不嫌弃的话，我们非常欢迎。”

贝多芬坐了下来，把他的作品都弹了一遍，女孩和那个男人都沉浸在优美的音乐之中，忽然贝多芬站起来走了出去，因为在他的心里又酝酿出了一首伟大的作品，而且就在这一瞬间，他忽然发现了他要找的东西，所以他快步离开了破屋，而男人和那女孩还陶醉在他的琴声之中。

有很多人常说自己从未出现过灵感，它只是那些科学家、发明家、文学大师们脑中特有的产物，其实不然，这说明他太不了解什么是灵感，以及它有什么特点与规律，所以即使他的灵感已经出现，他也不能把握。灵感问题上常出现这样的情况：有的人觉得拥有灵感很容易，而且它发挥着巨大的作用，对它的评价很高，所以他们都成了大师人物，如科学家、发明家等；而有的人觉得灵感似有似无，朦朦胧胧，像是种可望不可及的东西，更有的人根本拒灵感于千里之外，还否认灵感的存在，所以他们也当然被灵感拒之门外，其实只要对灵感出现的规律了解了，并且用一点技巧把它利用起来，那么任何人都会惊喜地得到发自灵感的创造。

20 世纪人类最伟大的物理学大师爱因斯坦的相对论，被公认为物理学史上伟大的革命，在谈到它的形成过程时，爱因斯坦说：“我躺在床上，那个谜一直在痛苦地折磨着我，像是没有一丝希望能解答这个问题，但突然黑暗里闪出了我期待已久的光明，终于答案出来了，于是我立即进入了工作，连续奋斗了五个礼拜，然后写出了《论动体的电动力学》论文，那几个星期我好像处在狂态里一样。”

“形成广义相对论观点时，”他又回忆说，“一天，我坐在伯尔尼专利局的椅子上，突然想到，假如一个人自由落体时，他会不会感到自身的重量，我为自己的这一假设大吃了一惊，这个简单的思想实验给我打上了一个深深的烙印，这是我创造引力的灵感。”难怪这位大师向世人郑重地说：“我相信直觉和灵感。”

灵感的形成，虽然是在一刹那间，但是，它与一个人的知识、经验以及分析、判断等能力有密切的关系。因此，灵感的形成离不开个人长时间的积累。而且，在一次灵感形成之后，还要进行验证、充实和完善。

那么如何使自己产生令人羡慕的灵感呢？科学上指出：灵感使创造过

程中新观念的产生带有突发性，灵感现象自古以来就曾经使许多人感到神奇，历代都有众多著作和学者对它进行多方面的探索，灵感问题是对人类很有诱惑力的研究课题，同时也是唯物主义和唯心主义长期争论的一个焦点，对于人类在历史上对灵感的漫长研究和争论过程中，我们发现，进一步开发和提高我们自己的智力和创新能力，就要对灵感现象要有所了解，尤其要善于捕捉利用灵感，使它给我们创造出惊人的奇迹。

在我们吃饭、听歌、聊天等过程中，都会突发出某种神奇的灵感，而且它仅仅在一刹那，所以我们要保持精神高度集中，充分利用好这一灵感。灵感同懒汉无缘，它是勤奋学习的报酬。高尔基说过："天才就是劳动，人的天赋就像火花。它既可能熄灭，也可能燃烧起来，而迫使它燃烧成熊熊大火的方法只有一个，就是劳动再劳动。"

灵感是长期创造性劳动的必然结果，所以它自然需要由勤奋的汗水来浇灌。俄国音乐家柴科夫斯基说过："灵感是一个不喜欢访问懒汉的客人。"

因为人们寻找灵感的目的是为了解决某个实际问题，所以必须要以强烈的求知欲望和勤奋精神为基础。对我们来讲，一要树立崇高的学习目的。一个人追求的目标越远大，他就越有学习的韧性，目标越是崇高，就越有学习的毅力。

二是有勤奋的学习精神。勤奋是获得一切成功的必备条件，也是产生灵感所不可缺少的。虽然灵感带有突发性和偶然性，但它终究是长期积累和思考的结果，即所谓"长期积累、偶然得之"。俗话说，"踏破铁鞋无觅处，得来全不费功夫"，这看似"不费功夫"的"灵感"，正是"踏破铁鞋"的长期努力换来的。所以，我们要坚信"下力多者收功远"的道理，树立"莫嫌海角天涯远，但肯摇鞭有到时"的信心，从而不停地顺畅自己的思路，使灵感在学习中不期而至。

创新的指明灯

灵感是成功的最基本的原因之一。爱因斯坦这样说过自己："我还是一个四五岁的小孩，在父亲给我一个罗盘的时候，经历过这种惊奇。这只指南针以如此确定的方式行动，根本不符合那些在无意识的概念世界中能找到位置的事物的本性。我现在还记得，至少我相信我还记得，这种经验给我一个深刻而持久的印象。我想一定有什么东西深深的隐藏在事情的后面。”

这里的“惊奇”其实就是爱因斯坦的灵感所在，著名的美学家朱光潜说：“灵感是在潜意识中酝酿而成的情思猛然涌现于意识。”大科学家钱学森也曾多次明确指出：“灵感实际上是潜思维，它无非是潜思维在意识中的表现。”

灵感在人的大脑中有相当大的活动区域，灵感区是大脑两个半球之间的狭长地带，长时间考虑某个问题，会造成大脑中血液缺氧，让思维变得迟钝。如果我们停止思考，让大脑休息一下，或者将思考的问题换成另外的一个问题，大脑血液中的含氧量就会增加，思维也会随之变得清醒敏捷，因而容易产生灵感，这就是激发灵感的最佳途径。

灵感的突然来临，就像是一个不速之客，这是它最突出的一个特点，这也是灵感所具有的突发性，但它的程度各不相同。灵感是个非常神秘莫测的东西，包含着许多种因素，但它的作用，可以使你在创造道路上发觉奇迹，它的表现形式也是多种多样的，灵感也是人脑对信息加工的产物，是人们认识事物的一种质变和跨跃，它信息加工的形式、途径和手段的特殊性，以及思维成果表现形式的特殊性，使它变得更加复杂和扑朔迷离，尽管如此，灵感对于创造发明的神奇作用却是不容忽视和低估的。

灵感有时也会出现在睡眠之中，格拉茨大学药物学教授洛伊在一天夜里醒来，想到了一个极好的设想，他拿过来纸笔简单记了下来，翌晨醒来他知道昨天夜里产生了灵感，但使他惊讶的是，他无论怎样也看不清自己的笔记，他在实验室里整整坐了一天，面对着熟悉的仪器，总是想不出昨天夜里的那个设想，到晚上要睡觉的时候还是一无所获。

但是到了夜间，他又一次从睡梦中醒了过来，还是同样的顿悟，他高兴极了，做了细致的记录后，才回去继续睡觉，次日，他走进实验室，以生物学史上少有的利落、简单、肯定的实验方法，证明了神经搏动的化学媒介作用。

他准备了两只蛙心，分别用盐水使其保持跳动，他刺激了其中一只蛙心的迷走神经，使其停止跳动，然后把浸泡过这只蛙心的盐水取出来浸泡第二只蛙心。

洛伊满意地看到：盐水对第二只蛙心的作用，同刺激迷走神经对第一只蛙心的作用相同，第二只蛙心博动的肌肉也停止了跳动，这就是世界各国对化学媒介作用进行了大量实验的起源，化学媒介作用不仅存在于神经与他们影响的肌肉和腺体之问，而且也存在于神经单元本身之间。

应该强调灵感产生的前提条件，即科学家执着于创造性地解决问题，对要解决的问题，他们已经作了特别充分的准备，并强烈地期望着有所突破，由于他们对这问题挥之不去、驱之不散、长期思索大脑建立了许多暂时的联系，一旦受到了某种刺激，就宛如打开了龙头一样，变得豁然贯通，所以灵感也是长期艰巨劳动的结果，正如俗话说："积立于平日，得之于倾刻。"或者如词中所写的一样："众里寻它千百度，蓦然回首，那人却在灯火阑珊处。"

俄国画家列宾说得好："灵感是对艰苦劳动的奖赏。"凯库勒发现苯环结构，不但应归于炉边的灵感，而且也应归于那之前的长期思索。不进行艰苦的探索而把成功的希望寄托在心血来潮、灵机一动上面，那无异于缘木求鱼，守株待兔。19世纪著名的俄国民主主义者赫尔岑说："在科学上除了汗流满面，是没有其他获得知识的方法的，热情也罢，幻想也罢，却不能代替劳动。"

灵感产生时，注意力常处于高度集中状态，这时，人们所有的活动都集中在自己的创造对象上，仿佛要汇聚起全身心所有的精神力量去解决所提出的任务，也由于注意力高度集中，其余的东西几乎都忘记了，甚至可以达到忘我的程度，难怪当牛顿专心致志地研究问题时，竟把怀表当作鸡蛋放进锅里。

灵感更是突发的、飞跃式的，我国著名科学家钱学森说："灵感出现在大脑高度激发状态，高潮多时很短暂，瞬息即逝。"科学家对问题长期进行探索，智力活动在出其不意的一刹那——在散步中、在看电影中、在闲暇中产生飞跃，于是智慧从蕴积中骤然爆发，问题便迎刃而解，灵感出现之前，智力活动处于高度的受激状态，此时，或因外界的某一刺激，或因某些联想，突然间人的各种能力得以充分发挥，智力水平超出平时一大截，记忆储存的材料立即重新组合，思路通畅了，科学认识便提高到一个崭新阶段。

而对于瞬间即逝的灵感，必须设法牢牢抓住，不要让思想的火花白白浪费了。许多科学家都养成了随时携带纸笔的好习惯，记下闪过脑际的每一个有独到见解的念头。爱迪生习惯记下他所想到的每一个新想法，不管它当时似乎多么卑微、渺小，他一生专利发明有1328项，这与他善于利用灵感是分不开的。爱因斯坦一次到朋友家吃饭，与主人讨论问题时，忽然来了灵感，他拿起钢笔，在口袋里找纸，可没有找到，然后他干脆就在主人家的新桌布上展开了公式。美国著名生理学家坎农说："当我准备讲演的时候，我就先写一个粗略的题纲，在这以后的几天中，我感到灵感来临之际，出现的都是与提纲有关的鲜明例子、恰当的词句和新奇的思想，我把纸笔放在手边，便于捕捉这些稍纵即逝的新想法，以免被淡忘。"

科学有赖于灵感，创造亦有赖于灵感，而创造性思维中的灵感是一种不同于形象思维和抽象思维的思维形式。文艺工作者也有灵感，科技工作者也有灵感，它是创造过程所必须的，凡是有思维的人都知道，光靠形象思维和抽象思维是不能创造，不能突破的，要创造要突破就必须有灵感。

激发你的灵感

在我国，在相当长的一段时期内，有些人一旦听到"灵感"两个字，便不免警觉起来。在他们看来，灵感似乎是个神秘的东西，谁承认灵感的存在，谁就是承认神秘主义。他们把承认灵感与认识论上的唯心主义混淆起来。其实这是一种误解，以唯心主义观点看灵感的人是有的，他们把灵感解释为一种神秘的精神状态，有的甚至把它归功于神的启示，或者认为只有极少数天才才具有灵感。这些见解是错误的。

古希腊的柏拉图就是从唯心主义看待灵感的，例如他就认为诗歌创作活动全靠诗神依附所产生的"迷狂"。他说："若是没有这种诗神的迷狂，无论谁去敲诗歌的门，他和他的作品都将永远站在诗歌的门外，尽管他自己妄想单凭诗的艺术就可以成为一位诗人。”可见，在他看来，诗、创造发明和灵感是神赐的，没有这种“迷狂”是永远不会创造出的，而历史上许多事实已经证明，今后的事实也将会进一步证明，灵感的存在，并不是依靠神赐，而是依靠人们自己对灵感的激发。

在第二次世界大战期间，由于德国、意大利、日本对各国的侵略战争猖獗，美国、苏联、英国等国家开始着手建立反法西斯同盟，为了名正言顺地反讨法西斯帝国，同盟国决定起草一份宣言。可当时这些国家领导人在一起研究了好多次，也起了不少名字，但都因为不够恰当而不得不放弃。

有一天一大清早，罗斯福刚刚起床，便不顾及身份地大叫：“我的上帝，终于让我想出来了！”于是他匆匆忙忙地去找邱吉尔，而邱吉尔正在洗澡，罗斯福便迫不及待地奔到浴室门口大声对着浴室里的邱吉尔喊道：“亲爱的温斯顿，我终于想到了，你看‘联合国宣言’怎么样？”

邱吉尔听后非常高兴，从漂满香皂泡的浴缸里跳出来，像孩子一样地拍着白胖胖的肚皮叫道：“太好了，真是太好了！”就这样罗斯福的自发灵感作出了伟大的贡献！到了1945年联合国成立的时候，也沿用了这一名称。

那么我们就来看看灵感激发的条件是怎样的？灵感的产生是由实践提供的，它是在自觉思维活动的基础之上产生的。

首先，思考者在头脑中有一个等待解决的中心问题，有足够的知识储备和观察资料的积累，对问题经历了反复、紧张、艰苦的思考，几乎到了欲驱不能的程度，直至思想的饱和，以至陷入僵局，形成了一定的神经活动系统和认识心理结构，而它们成为某个接通思路的障碍。这时，只要把问题暂时搁置，去从事其他活动，有意识地转换一下工作状态或者环境，使紧张的思维活动得到调剂、缓解，使大脑不受压制，在这种情况下，下意识立即活跃起来，便容易接受潜意识的信息，而这种信息有时会导致原有的活动神经系统和认识心理结构的改组和重建，再通过神经活动系统接通某种联系，导致灵感的产生。

而灵感被激发以后，还要经自觉思维活动的鉴别，有用的才能成为科学知识或有社会意义的创造性设想。这就说明，灵感是有意识的活动和无意识的活动，也是显意识的活动与潜意识的活动结合的产物，它并没有超越思维活动的一般规律，而是思维活动合乎思维的产物。当然，灵感的迸发是多种多样的，但细加考虑，它可以归纳为两类基本形式：联想型和省悟型。

联想型的灵感是指这样一类情况：当人对某个问题经过一段紧张的研究，百思而不得其解的时候，在某一偶然事件的刺激、启发和感触下，思维顿时引起相似性的联想，感到豁然开朗，迸发出创造性的新设想，使问题得到解决。这种迸发形式一般多见于自然科学领域的发明或发现。

在这里，“原型启发”起着重要作用。所谓原型启发，就是从其它事物中得到解决问题的启示，从而找到解决问题的途径或方法的过程，起着启发作用的事物叫做原型。任何事物都可有启发作用，都可能成为原型。如自然景像、日常用品、人物行为、技巧动作、口头提问、自觉描述等等，都可能成为对人有启发作用的原型。但是，一个事物能否起原型启发作用，不是决定于这一事物本身的特点和内容，而是与思考者、创造者的主观状态有很大的关系，如思考者或创造者的创造意向、联想能力等等。

灵感的联想型激发必须通过某个偶然事件的触发，刺激大脑进行联想，然后产生灵感，而省悟型灵感的激发则不同。它不需要借助于“触媒”的刺激，乃是通过内在的省悟、内部的“思想火花”而产生灵感的。

当人们对某个事物经过长时间的思考，思维达到了饱和程度，仍然没有进展，这时，在大脑神经系统中就像布满了纵横交错的“电路”，却转来转去无法接通。

后来，在潜意识的作用下，突然之间猛然省悟，使问题得到解决。这种迸发方式多见于文学创作，但在科学史上以这种方式获得灵感的也不乏其例。当思考者与创造者对问题进行了相当充分的研究，它在大脑中储存了解决问题所需要的各种信息时，便使人产生了种种显意识与潜意识的思维活动，在脑中大脑神经细胞能对曾经接受过储存的信息进行加工，对学得的东西也同时进行整理，从而制造出新的信息来。这一类问题还有待于科学的进一步研究和解决。

思考创新精神与想象力

憧憬美好的未来

想象就是要求我们不计较过去，对某种事物的憧憬。想象又可分为无意想象和有意想象，无意想象也称消极的想象。人们常说，人处事要善于“设身处地”，但如果你要想真正的设身处地，就必须要凭借想象的作用，想象如果我们处于对方的地位，将会怎样想，如何做。这也就是说：人们在相互交往中，必须通过想象，才能设想别人的处境和心情，从而促进彼此相互了解，这也是很重要的。

想象不仅在认识和实践活动中有巨大作用，而且在人的精神生活中，特别是在创造活动中也有重大的意义。难怪历史上许多科学家和艺术家都高度重视和评价想象的作用。

巴甫洛夫曾指出：“化学家在为了彻底了解分子的活动而进行分析和综合时，一定要想象到眼睛看不到的结构。”

著名德国物理学家普朗克在谈到假设时也曾说过：“每一种假设都是想象力发挥作用的产物。”

英国物理学家延德尔说：“作为一名发明家，他的力量和生产，在很大程度上都应归功于想象力给他的激励。”

有了精确的实验和观测作为研究的依据，想象便成为自然科学理论的设计师，可以说没有科学的想象，就不会有科学理论和科学发现。

与此同时，科学创造更离不开想象，文艺创作也需要想象。19 世纪德国著名音乐大师舒曼说过："音乐家的想象愈丰富，他的作品愈能激动人和吸引人。"

俄国文艺批评家别林斯基也曾指出："在诗中，想象是最主要的活动力量，创造过程只有通过想象才能完成。"

想象，其实不仅仅是音乐和诗歌需要，美术、雕刻、戏剧，总之一切文学艺术的创作都是必不可少的。

高尔基讲到情绪和想象时曾说过这样一段语重深长的话语："文学家的工作或许比一个专门学者更困难，例如一个动物学家的工作更困难些，科学工作者研究公羊时，用不着想象自己也是一头公羊，但是文学家却不然，他虽然慷慨，却必须想象自己是一个吝啬鬼；他虽毫无自私心，却必须觉得自己是贪婪的守财奴；他虽然意志薄弱，但却必须令人信服的描写出一个意志坚强的人。"

的确，一位作家在构思作品或者是塑造人物时，他不但要通过想象看到所创造出角色的状态，还要听到所创造的角色的谈吐，体验到所创造出角色的心境感受和情绪，这就必须要求作家有如身临其境般设身处地地想象人物的各种情节。同样，在戏剧中，一名演员要想演好他所扮演的角色，也必须充分利用想象的工具，使自己能够真正的进入角色。创造是以想象作为先导和基础的，对科学创造是这样，对文学艺术创造也是如此。"想象，这是一种特质，没有它，他既不能成为诗人，也不能成为科学家，成为有思想、有理想的人，真正的人。"狄德罗曾这样说。

建筑工人根据建筑蓝图可以想象出建筑物的形象，机械工人通过机械图纸可以想象出机械的形象，这些根据别人的描述或者示意而"再造"出来的想象，都是再造想象。

再造想象的另一方面，是指这些形象是经过自己的大脑对过去感知的材料的加工而成的，如当教师向全班学生讲《飞身抢渡大渡河》这一篇课文时，讲了十八勇士冒着枪林弹雨，奋勇抢渡，由于每个同学的知识、经验、兴趣爱好、个性和欣赏能力的差异，个人感受不同，每个人想象的也就不同，所以每个想象总是按照自己的方式来创造某个新形象的，因此，再造想象也常常包含有某些创造性的成分，同时再造想象在认识活动中有很深的意义。借助于再造想象，我们可以重现别人所创造出来的或感受到的事物。再造想象一般遵循以下两条规律：一是再造想象的形成受旧有表象的数量和质量的影响；二是形成再造想象依赖于正确掌握词和实物标志。

创造想象是不依据现成的技术而独立地创造出新形象的心理过程，创造想象是根据预定的目的，通过对已有的各种表象进行选择、加工和改组而产生可以作为创造性活动“蓝图”的新形象的过程。在创造新技术、新产品、新作品之前，人在头脑中必先构成事物的形象，这就是创造想象。创造想象与创造思维紧密相连，是人类从事创造活动的一个必不可少的因素，新颖、独创、奇特是创造想象的本质特征。创造想象是真正的创造，它不同于再造想象，再造想象中也常有创造性的成分，但两者比较起来，创造想象的创造成分更多些，创造想象也比再造想象困难得多。

如果创造出一个阿Q的形象，与欣赏《阿Q正传》中的阿Q形象相比，前者要求有更大的创造性，阿Q的形象是旧中国劳动人民的奴隶生活的写照，也是中国近代民族被压迫历史的缩影，鲁迅创造出“阿Q”形象，是经过创造性的构思，并以一些历史为依据，选择材料，进行深入的分析和综合的结果，所以创造想象和再造想象两者虽然有区别，但无截然的分明界线，你可以通过再造想象来真正做到创造想象，而不应当把自己局限于再造想象之内。

每个人从出生、上学、到工作都是在做再造想象，而只有少数的人才在昨天再造想象的基础上，找到了属于自己创造想象的空间，所以他们成了科学家、发明家、艺术家、文学大师，而这绝不是偶然的，因为他们学会了“昨日之势不可留”。

幻想是创造的灵魂

幻想是一种与生活愿望相结合的并指向未来的想象，它分为两种，一是以客观现实的发展规律为依据，它是有可能实现的，这给人们巨大的力量和坚韧不拔的毅力。

方志敏在《可爱的中国》一书中，对自己为之奋斗的新中国的理想，就曾坚定地写到："我们相信中国一定有个光明的前途……到那时，到处都是活跃的创造，到处都是日新月异的进步，欢歌将代替悲叹，笑脸将代替哭脸，富裕将代替贫穷，健康将代替病痛，智慧将代替愚昧，友爱将代替仇杀，生之快乐将代替死的悲哀，明媚的花园将代替凄凉的荒地，这时，我们民族就可以无愧地立在人类的前面，而生育我们的母亲也会最美丽的装饰起来。"今天，这些理想已成了现实。

爱因斯坦的幻想力是惊人的，当他 16 岁的时候，就给自己提出了一个大胆的设想：如果有人追上光速，他将会看到什么现象？光速每秒 30 万千米，谁能达到这个速度？

在一般人看来，这不过是一个年轻人毫无意义的瞎想，但正是这个问题，触及了当时经典物理学中的根本矛盾。

伽利略就早已发现，力学运动定律在静止的或者匀速运动的坐标系中，同样是有效的，这种运动的相对性，在古典力学中是普遍成立的，但在麦克斯韦电动力学中却不成立，因为麦克斯韦方程只适用于静止的坐标体系。经过多年思索，爱因斯坦发现必须把作为古典物理学基础的空间和时间的概念加以适当的修改，才能克服这种矛盾，于是，他以高度的想象力抓住了一个最简单也似乎是不成问题的问题——"同时性"问题作为突破口，他发现：两个在空间上分隔开的事物的所谓同时，取决于相隔空间的距离和光信号的传播速度，在静止的观察者看来是同时的两个事件，在运动的观察者看来不可能是同时的，这就是所谓同时的相对性。由此可见，空间和时间不是各不相干的，而是存在着本质的联系，并且都与物质的运动有关。

同样，伽利略以它高度的批评精神和幻想，打破了长期禁锢人们思想的亚里士多德的一些错误观点，现以他所发现的惯性原理为例，亚里士多德认为：运动着的物体之所以运动是由于受外力的推动，他从事物的外部去寻找运动变化的原因。

这在一般的人看来，好像是千真万确的，比如说，桌面上放一个杯子，你对它施加外力，它产生运动，外力消失，它马上停止运动，运动完全是外力对它作用的结果，而伽利略却独具慧眼，看出了这里的问题，他以他高度的想象力，提出设想：有人推着一辆小车在路上走，如果突然停止推车，小车却并不马上停住，而是还会走一段路；如果路面非常光滑，车还会走得更远；如果路面既平坦又没有摩擦力，小车便会永远运动下去。这个大胆的幻想，正是伽利略的过人之处。

幻想需要原料，没有相应的表象储备，有关的新形象是创造不出来的，以文艺创作为例，一个艺术形象的塑造，要从同类对象或现象中分离，抽取出来，然后再把它们创造性地综合或概括到另一同类对象或现象的映象中去，这首先就需要有大量的表象储备，高尔基在谈到艺术形象的创造过程时曾说过："我们所幻想的主人翁的性格是由他的社会集团的各种不同的人们的许多个别小特征所构成的，为了能近乎真实地描写一个工人、和尚、小商人等肖像，就必须去观察一百个其他的和尚、小商人和工人，来扩大幻想。"

保持旺盛的想象力

旺盛的想象力是能培养创造性心智机能的一种思维活动，它不同于思考，而是思考的一种深化，是由此及彼的思考。一个人如果不能保持旺盛的想象力，学一点就只知道一点，他的知识面与知识广度不仅是零碎的、独立的，而且也是有限的；如果你保持住旺盛的想象力，知识就会由一点而扩展开去，使这一点活化起来，举一反三，闻一知十，触类旁通，以至于最后会产生知识的飞跃，出现创造性灵感，开出智慧的花朵。

人造牛黄的成功就是旺盛想象力的结果，牛黄是一种珍贵的药材，但是天然牛黄只能从屠牛场上偶然得到，数量极少，所以许多医药单位都想方设法来寻觅解决牛黄不足的途径，广东海康县药品公司在研究人造牛黄的过程中，从人造珍珠得到联想的启示。人造珍珠是由碎粒嵌入河蚌的体内，河蚌分泌出粘液包住摩擦而成，这和天然牛黄的形成过程十分相似：牛胆囊里进了异物后，以它为中心，周围凝聚许多胆素的分泌物，逐渐就形成了牛胆结石——牛黄。于是他们对牛实行了外科手术，在胆囊里植入异物，经过一年的实践，果然从牛胆里取出了结石——人造牛黄。莱特兄弟制造出飞机之前的半个世纪科幻大师凡尔纳已想到了直升飞机和飞机，什么坦克、导弹、潜水艇、霓虹灯影，他都预见到了，他在《月亮旅行记》中甚至讲到了几个炮兵坐在炮弹上让大炮发射到月亮上，据说齐尔斯基——宇宙航行开拓者之一，正是受了凡尔纳著作的启发，从而推动着他去从事星际航行理论的研究的。

俄国科学家齐奥科夫斯基青年时代就被人们称为“大胆的幻想家”，他把未来的宇宙航行分成十五步：

一、制造带翅膀和一般操纵机构的火箭式飞机；

二、以后飞机的翅膀略有减小，牵引力和速度增加；

三、穿人稀薄大气层；

四、飞至大气层后滑翔降落；

五、建立大气层外的活动站；

六、宇宙飞行用太阳能来解决呼吸及其它日常的目的；

七、登上月球；

八、制造太空衣，以便安全地从火箭进入太空；

九、在地球周围的太空中建立众多的居民点；

十、太阳能成为太空居民点的能源，使生活更为舒适；

十一、在小行星带上和太阳系其他不大的天体上建立居民区；

十二、在宇宙中发展工业；

十三、实现个人和社会遨游宇宙的美好理想；

十四、太阳系里的居民和目前地球上的居民达到饱和点之后，要迁移到整个银河系去；

十五、太阳开始熄灭，太阳系里残存的居民转到别的太阳系。

值得惊叹的是在齐奥科夫斯基作出这一大胆的幻想时，莱特兄弟的飞机还尚未问世，当时除了冲天鞭炮以外，世界没有什么火箭，更加令人吃惊的是想象中的许多步骤通过近几十年的航空、航天技术的发展已经成为了活生生的现实，也就是说，由于实用火箭、喷气式飞机、人造卫星、阿波罗登月计划、航天轨道站以及航天飞机的相继成功，齐奥科夫斯基的前九步都已基本实现。

早在齐奥科夫斯基的论文《利用喷气机探索宇宙》发表前30年，凡尔纳就发表了《从地球到月球》、《环绕月球》等科学幻想小说，提出了飞向月球的大脑设想，他想象在地球上挖一个三百米深的发射井，在井中铸造一个大炮筒，把精心设计的"炮弹车厢"发射到月球上去，他甚至选择了离开地球的最近时刻，计算了克服地心引力所需要的速度，以及怎样解决密封的"炮弹车厢"的氧气供给问题，这些对宇宙研究很有启发。科学的发展以想象为先导，人们通过想象，在头脑中拟定研究过程的伟业和蓝图，借助于想象在头脑中构成可能达到的预期结果，齐奥科夫斯基正是通过丰富的设想，为人类登上月球在思维创造上开辟了道路。

梦并不都是胡扯

"梦"对于人们来说，经常出现，是非常熟悉的，是司空见惯的，很多人没把它放在心上，没有引起足够的重视。然而，在科学创造和发明中，它却起着非常微妙的作用，这种作用是不能被其他方式所替代的，它的出现，使得一些创造活动少走了许多弯路。而受到梦的启示的研究者，一定对所研究的问题已进行了相当充分的研究，大脑中已储存了大量解决问题的信息，研究者的大脑皮层已经形成了对解决问题的兴奋中心，醒时没结束的神经活动在睡梦中继续进行，实现了梦寐以求的愿望。其实，通俗一点讲，我们可以把梦看成是更深层次的想象。

我国南朝的文学家谢惠连，自幼就聪明过人，年仅十岁时，文笔就很好，他的族兄谢灵运比他大十二岁，却很器重这位小弟弟，谢灵运曾经十分感慨地对人说："我每次动笔写文章，只要有惠连在我身边，就文思如潮，笔下也必有佳句。"

一次，谢灵运在永嘉郡的两堂构思诗作，绞尽了脑汁，也写不出一个满意的句子。他实在太失望了，也太疲倦了，不觉放下纸笔，就趴在桌上酣然入睡……突然，他看见情豪气爽的弟弟谢惠连笑盈盈地向他走来，两人兴高采烈地上楼观赏着早春池苑的美景，谢惠连指点着碧水、芳草、垂柳、飞鸟谈笑风生，谢灵运脱口赞道："池塘出春草，园柳变鸣禽。"啊，这不就是自己百思不得其解的佳句吗？谢灵运一高兴睁开了眼睛，却见眼前仍是黄昏中的两堂，自己一个人坐在桌前，这才明白刚才是做了一个梦，不过，那两句诗却依然清清楚楚，于是，他赶紧提笔记了下来，越吟越得意，之后，他经常对人说："这两句诗是有神力的相助啊，并非我自己的功劳。"

人在睡梦中，对周围环境的戒备都消除了，大脑的思维可以无拘无束地向各个方向发展，也可以用非逻辑的形式进行，人们很少能够对梦施加有意识的限制，在睡梦中，人们的想象力得到自由的发挥，可以充分挖掘潜意识的内容。作为意识领域，它是人的头脑对于客观物质世界的反映，它往往是在人们清醒状态下显观出来并发挥作用的。弗洛伊德说过："梦是人的意识的一种存在形式，它很少在人清醒时想出来，在睡梦中则潜入了你的大脑深处，心灵深处。"

在睡梦中，精神紧张大大缓解，思想放松的程度大大加强，理智对思维的限制受到了削弱，思想犹如脱缰的野马，在浩瀚的意识世界里纵横驰骋而不受拘束，能够想清醒状态下所不敢想的事情，也能呼唤出藏在意识深层的人脑对物质世界的反映，这样，就将人思想的范围、思考的路线，成倍乃至数倍地增加。这无疑使人有更大范围的思想天地，对科学发现和科技创造有更多的启示，以至于使人们少走了许多弯路，节省了大量的宝贵时间，就如凯库勒梦见苯分子式成了首尾相衔的环状蛇，得到对苯分子结构式的启示，解决了在正常情况下，许多有机化学家经过长时间的努力也没有解决的难题，这就充分显示了梦在创造发明中的独特作用。

那么，既然梦在科学创造和艺术创作中的地位如此重要，是否我们只要睡觉做梦，就能完成伟大的事业呢？这样的想法未免把创造看得太简单了，事实上，就在凯库勒讲完由于梦中有了对苯分子结构式的启示而画出了苯分子的环式结构后，当天就有一些与会者特地在傍晚雇了马车，让马车在大街上慢慢行驶，希望也在梦中出现奇迹，让自己发现点什么，可是这些人有的没睡着，有的睡着了却没有做梦，有的人做的梦不是梦见打牌就是梦见跳舞，并没有一个人从梦中得到创造联想，这些人都忘了，凯库勒做梦之前，曾经花了几个月的时间来研究苯分子结构式，"日有所思"才能“夜有所梦”。凯库勒由梦得到启示，实际上是他做梦也不忘科研的结果，这些人把凯库勒的发现归功于梦，显然是本末倒置了。

如前所述，梦在创造中的作用虽然独特，但也只能是对已有思想的呼唤，只能是对潜在人的心灵深处的意识的挖掘和启迪，它不是空穴来风，绝不可能无中生有地创造出你的“空中楼阁”。受到梦的启示的研究者，一定要与自己的生活经验、愿望、需要、想象等心理因素有所联系，梦境中的素材都是梦者先前看到的、听到的，这就是创造性梦的客观物质基础。我国围棋界著名选手聂卫平经常在睡梦中与人演练招法，醒来就进行推敲、练习，多次证明，以备克敌制胜为国争光而用。

英国剑桥大学教授故钦逊曾对各学科有创造性意识的科学家的工作习惯进行了大量研究调查，调查中有70%的教授认为能从一些梦中得到启发；我国对中科院的学部委员进行的调查表明：在科学创造中受到梦境启发时有者占13%，偶有者占35%，由此可见，受惠于梦境的人还的确不少。然而在创造过程中，尽管梦的作用重要、独特，但更重要的应该是在平时对自己事业的专注，重视平时的知识积累，平时多下苦功夫，知道了梦在创造中的作用，懂得了梦左右了你的创造意识，就要认真对待自己的梦境，不要轻易放过对我们的事业有启迪作用的另一种意识的表现——梦所显现的内容。但梦中也会出现稀奇古怪的幻境，因此，许多梦有时候也是不可靠的，所以，对待梦的这种创造意识一定要严肃、慎重，要在这种意识心理活动下去粗取精、去伪存真，就如凯库勒所说：“在清醒后，未弄明白前，就不可轻信梦境了。”

具体来说，在探索梦与创造的关系时，我们应该注意以下的原则：

1. 我们需要感觉到主要创造的存在，清楚自己真正想要什么，因为只有明确自己主要的创造焦点，才能激活个人内在的创造动机，并且付出个人生命的热情去完成创造。

2. 超越时间、空间，并放下所有的限制思考，当梦想没有实现以前，也许它有些抽象，但只要我们充满信任，梦想就是有可能实现的，因为筑梦是建立在自己对梦的信心的基础上，所以我们要清楚而明确地信任它的发生。

3. 高度集中的注意力，也是筑梦的关键，意念转换之处，通常会产生巨大的能量，把你的能量集中起来，注意在你的梦想上，就可以让注意力形成一股专注的能量，进而使你要的梦想变成现实。注意力是创造的开始，注意力越高，创造能力就越强。

注意力是否能够集中，信心是起决定作用的因素，人们信心不足往往会产生更多的害怕与担心，会影响我们创造梦想的动力，也就是说：只有有充足的信心，创造力才会依想象而发生。

有时候，我们常常会怀疑自己的创造能力，然而事实上，创造能力来自于你是否相信自己有创造力。

4. 具体的行动，是说我们要规划并付出任何具体可支持梦想的行动，这样就不会使自己成为只有思想而无法行动的残疾者。

5. 放下，我们要让梦想可以成真的话，另一件必须学习的就是如何放下，放下我们所有的担心，放下限制我们的各种观念。放下就是全然地接受它，但并不是要我们执着，因为过分执着地追求好与坏、得与失便会造成“害怕失去”的恐惧。

思考创新精神与机遇

创新有赖于机遇

一天，伦琴正在实验室里专心研究阴极射线管的光放电现象，在强烈的求知欲吸引下，他用黑纸把管子包起来，以挡住一切可见光和紫外线，看看会有什么现象发生，当熄灭电灯时，他却惊奇地发现实验台上小小的莹光瓶体发出奇异的闪光，只要管子通上电，发光现象便会持续不断，断电后莹光马上消失。

在诧异之余，他又做了一个小小的尝试，把莹光板拿到隔壁去，看一看情形是否两样，更令人惊讶的是，管子通电以后，在隔壁的莹光板照样发光，伦琴敏锐地意识到自己可能与什么射线打交道，它尽管用肉眼看不到，但能透过玻璃，穿过薄墙使隔壁的莹光板感光。这一奇妙的偶然现象使他感到十分好奇，为了进一步研究，他把包着黑纸的胶卷放在离管子不远的地方，显影以后发现胶卷竟不可思议的曝了光。

后来，伦琴在射线管与莹光屏之间放上书、小法码以及别的东西，新射线能不同程度地穿过这些物体，在屏幕上留下深浅不一的阴影。这一古怪射线使伦琴着了迷，他没有把发现新射线的消息告诉任何人，只是独自钻在实验室里，一连七个星期不分昼夜地进行观察，终于发现了这种新射线的许多特征。伦琴抓住这一机遇，经过进一步的探讨和研究，X 射线这个“睡美人”就这样羞涩而隐蔽地出现在他的面前。

科学创造有赖于机遇，却不能靠侥幸，也不能凭运气去瞎碰，应当培养敏锐的洞察力，掌握丰富的准备知识。简单地说，就是让你的头脑做好准备，对客观事件的进程和事件丰富多彩的现象时刻保持警觉，一旦机遇出现，就认出它，从中找到解决问题线索，过去常常不恰当地贬低机遇对于科学创造的意义，把它说成是非理性的、经验主义的，因此，科学创造和文艺创作很少提到机遇，更不用说倡言利用机遇了。

认识了机遇在作出新发现中的重大作用，就应当正视它，并且认真研究机遇与发现之间的关系，理论预见或用理性指导观测和实验固然非常重要，但对大自然通过机遇偶然透露的信息，却不能等闲视之。任何情况下，事件进程本身对于认识的增长都是决定性的，当人们回顾那些导致伟大而深刻发现的机遇时，事实上已经阐明了机遇所具有的意义，但在发现之初，能认出机遇并把它抓住，却是很不容易的，在作前瞻性研究时，应当做好准备，有意识地利用机遇。

达尔文的儿子在谈到父亲时曾说道："当一种情况非常引人注目、屡次出现时，人人都会注意到它，但是他却具有一种捕捉意外的特殊天性，很多人在遇到表面上微不足道又与当前的研究没有关系的事情时，几乎不自觉地以一种未经认真考虑的解释将它忽略过去，这种解释其实算不了什么解释，正是这些事情，他抓住了，并以此作为起点。"新发现常常是通过对细小线索的注意而取得的，要有敏锐的观察能力，在注意预期事物的同时，要保持对意外事物的警觉。从事科学创造，切忌把全副心思都放在自己的预想上，以致忽略或错过了与之无直接联系的别的东西。没有发现才能的人，往往不去注意或考虑那些意外之事，从而在不知不觉中放过了可能导致重大成果的偶然"事故"，他们很少有机遇，只会遇到莫名其妙的怪事。反之，对机遇所提供的线索十分敏感，非常注意，并对那些看来有希望的线索深入研究，这才是富有创造力的表现。他也当之无愧的是我们所讲的更聪明的人。

在创造活动中，并非每一个偶然因素或意外情况都能导致发明创造的成功，放过可能创造成功的线索是一个判断性错误，去探索不可能导致成功的线索也是一个错误的判断。在研究中成功创造了偶然现象后，思路要灵活，丰富的想象力会使研究者突破现有的科学认识和理论的束缚，提出假设和探索途径。法国化学家和微生物学奠基人巴斯德曾深有感触地说："机遇只偏爱有准备的人。"电话的发明者贝尔的塑像下面也意味深长地写道："有时需要离开常走的大道潜入森林，你就肯定会发现前所未见的东西。"

由于机遇是前所未见、前所未闻的新现象，机遇的创造更是难了一步，但你只要细心观察一切并加以留心实践，则常常能够开创科学技术的新领域，许许多多科学技术的突破便由此为开端。射电天文学是20世纪30年代开创的，这门学科开端于詹斯基的一次偶然发现，在1931～1932年间，美国贝尔实验室的工程师詹斯基用高度灵敏的天线来研究跨越大西洋的电话通迅问题时，一再接听到来历不明的干扰信号，最终他弄清了这些信号来自外层空间的各种天体射电，从而奠定了射电天文学的基础。

其次，由于机遇事先无法预料，所以什么时候出现机遇，常常对科学技术的发展起着加速或减缓的作用，而等待机遇的出现是很被动的，我们何不利用自己的聪明才智去创造机遇，再利用机遇取得成功呢？在19世纪30年代以前，橡胶工业的发展一直都裹足不前，原因是橡胶制品性能不好，当时制成的橡胶雨衣和雨鞋，天热时粘在一起，天冷时又象皮革一样硬，为了消除橡胶制品的缺点，有人进行了长期的研究，但都没有得到根本的解决。1893年，美国的德古伊尔在一次实验中不小心把橡胶与硫磺的混合物掉在了火炉上，他赶紧把它从火炉上刮下来，经过他的观察，意外地发现了硫化橡胶，导致了硫化橡胶技术的出现，促进了橡胶工业的大发展。

不能创造机遇或根本无法正确把握住机遇的人通常有以下几点不良的心理因素：

第一，注意力没有适当地进行分配，视野不宽，即研究者把注意力过于集中在研究对象上，对与实验本身无关而又常出现或可能被外界影响而出现的偶然现象视而不见、听而不闻；

第二，联想与想象力不够积极、活跃，研究者观察到实验中的机遇现象，或已创造机遇的现象时，由于当时的联想与想象力不够活跃而作出了错误的判断，从而失去了对机遇进一步了解和研究的机会；

第三，讨厌和气恼的情绪，研究者在创造发明活动中发生了偶然现象和意外事件，影响了他们的观察和实验的进行，他们对偶然现象和意外事件的讨厌与气恼的情绪也使其错过了机会；

第四，缺乏好奇心，研究者在成功制造了机遇的时候，由于仅仅感到不可思议而放弃了机遇，他们对实验计划以外的偶然情况缺乏好奇心。不想对此进行深入的探讨，也会错过机遇；

第五，判断的失误，研究者对创造活动中出现或被创造出来的机遇没有进行深入研究和分析，作出错误的判断的情况也时有发生。

机遇青睐有心人

古人曾说：凡事预则立，不预则废。凡事只有做好充足的准备，才有可能获得成功。没有做准备，只能与成功擦肩而过。准备是工作的第一步，是成功的保障。没有准备的行动只能使一切陷入无序，最终面临失败的局面。不管眼前我们面临着什么样的局面，我们都要随时准备着，因为令你成功的机会随时都会出现。

一位年轻的猎人带着充足的弹药、擦得锃亮的猎枪去寻找猎物。虽然老猎手们都劝他在出门前把弹药装在枪筒里，可是他还是没装子弹就走了。

“废话！”他嚷道，“我到达那里需要一个钟头，哪怕我要装100回子弹，也有的是时间。”

仿佛命运女神在嘲笑他的想法似的，他还没有走过开垦地，就发现一大群野鸭密密地浮在水面上。以往在这种情景下，猎人们一下就能打中六七只，毫无疑问，那够他们吃上一个礼拜的。可如今当他匆匆忙忙地去装子弹时，野鸭们已发出一阵鸣叫，很快就飞得无影无踪了。

后来，更不幸的是天下起了倾盆大雨，年轻的猎人一无所获，只得拖着疲惫的脚步回家了。

一个缺乏准备的人一定是一个差错不断的人，纵然具有超强的能力、千载难逢的机会，也不能保证获得成功。记住，随时准备才是取得成功的保障。随时为自己的成功准备，等待时机的出现，一跃而起抓住这个机会，那么，你也就成功了。

莱斯·布朗与他的双胞胎兄弟出生于一个叫做迈阿密的贫困社区，他在出生后不久就被帮厨女工梅米·布朗收养了。

莱斯极其好动，又含含糊糊地说个不停，所以他小学就被安排进一个专门为学习有障碍的学生开设的特教班，直到高中毕业。他在毕业以后，就成了迈阿密的一名城市环卫工人。但在他的心中却一直梦想有一天能够成为一名电台音乐节目主持人。

每天晚上，他都要把他的晶体管收音机抱到床上，听本地电台的音乐节目主持人谈论摇摆乐。就在他那间狭小的、铺着已经破损的地板革的房间里，他创建了一个假想的电台——用一把梳子当麦克风，他念经一般喋喋不休地练习用行话向他的"影子听众"介绍着唱片。

透过薄薄的墙壁，他母亲和兄弟都能听到他所说的一切，于是他们就对这个爱动的淘气男孩大吼大叫，让他不要再耍嘴皮子而去睡觉。可是，莱斯装作没听见一样，根本就不理睬他们，他已经完全沉醉在自己的世界里，一心想要实现自己的节目主持人梦想。

一天，莱斯利用在市区割草的午休时间，勇敢地来到了本地电台。他走进经理办公室，说他想成为一名流行音乐节目主持人。

经理打量着眼前的这位头戴草帽、衣衫不整的年轻人，问道："你有广播方面的背景吗？"

莱斯答道："我没有，先生。"

"那么，孩子，恐怕我们这儿没有适合你的工作。"

最后，莱斯非常有礼貌地向他道了谢，然后便离开了。经理以为自己以后就再也不会见到这个年轻人了。然而，他低估了莱斯·布朗对自己理想的投入程度。要知道，在莱斯的心里还有一个比成为一名音乐节目主持人更高的目标——他要为他深爱的养母买一幢更好的房子。电台音乐节目主持人的工作只不过是他迈向这个目标的第一步而已。

梅米·布朗曾经教莱斯要去追寻自己的梦想，因此，莱斯觉得无论电台经理如何说，他都一定会在这家电台里找到一份工作的。

在后来的日子里，莱斯连续多周天天都到这家电台去，询问是否有职位空缺。最后，电台经理终于让步了，决定雇他跑跑腿，但没有薪水。刚开始的时候，莱斯的工作是为那些不能离开播音室的主持人们取咖啡或者是去买午餐和晚餐。正是由于莱斯对这份工作的积极热情，使他终于赢得了音乐节目主持人的信任，他们让他开着他们的卡迪拉克车去接电台邀请来的一些名人，像诱惑合唱团、黛安娜·罗斯，还有至高无上的乐队等等。他们没有人知道年轻的莱斯竟然没有汽车驾驶执照。

在电台里，无论人们让他做什么样的事情，莱斯都会按照要求去做——有时候甚至做得更多、更好。整日和主持人们待在一起，他自学着他们的手在控制面板上的动作。他总是尽量呆在控制室里，潜心学习，直到他们让他离开。晚上回到自己的卧室，他就认真投入地进行练习，为他确信一定会到来的机会做好准备。

一个星期六的下午，莱斯还在电台里，有一位名叫罗克的主持人一边播着音，一边喝着酒。而此时，整个大楼里除了他就只有莱斯一个人了。莱斯意识到，照这样下去，罗克一定会喝出问题的。莱斯密切注意着，在罗克的演播室窗前来来回回地踱着步，还不停地自言自语：“喝吧，罗克，喝啊！”

莱斯跃跃欲试，而且他早就为此做好了准备。如果此刻罗克让他去买酒的话，他会冲到街上去给他买更多的酒。正在这时，电话铃响了，莱斯便马上冲了过去，伸手拿起听筒。果然不出莱斯所料，正是电台经理打来的。

“莱斯，我是克莱恩先生。”

“嗯，我知道。”莱斯答道。

“莱斯，我看罗克是不能把他的节目坚持到底了。”

“是的，先生。”

“你能打电话通知其他主持人，让他们谁过来接替罗克吗？”

“好的，先生，我一定会办好的。”

但是，莱斯一挂断电话，就自言自语道：“马上，他就会认为我一定是疯了！”

莱斯确实打了电话，然而，令人没有想到的是他并没有打给其他主持人。而是先给他妈妈打电话，然后是他女朋友。

“你们快到外面的前廊去，打开收音机，因为，我就要开始播音了！”他高兴地说道。

大约等了15分钟，他给经理打了个电话。“克莱恩先生，我一个主持人也找不到。”他说。

“小伙子，你会操作演播室里的控制键吗？”克莱恩先生问道。

“我会，先生。”他回答道。

莱斯似箭一般地冲进演播室，轻轻地把罗克移到一边，坐在了录音转播台前。一切准备就绪。其实他心里早就渴望能有这样一个机会。他轻轻打开麦克风开关，说道：“注意了！我是莱斯·布朗，人称‘唱片播放大叔’，可以说是前无古人，后无来者，因此，我是举世无双，天下唯一。我年纪轻轻，单身一人，喜欢和大家在一起倾听音乐，品味生活。我的能力是经过鉴定的，绝对真实可靠，一定能够给大家带来一档丰富多彩的节目，让你们满意。注意了，宝贝，我就是你们最喜爱的人！”

正因为有了精心准备，莱斯才能如此从容。通过这次节目的主持，他赢得了听众和总经理的心。从那改变一生的机会起，莱斯开始了在广播、政治、演讲和电视等方面的成功职业生涯。这是他的运气，何谓运气？就是先有预备，再碰上机会。有人说，人生有两种痛苦：一种是“努力”的痛苦，一种是“后悔”的痛苦。在我们人生的每一刻都有许多机会，但是最重要的是如何掌握机会，并且是天天走在正确的道路上，“错过机会，是对潜力的诅咒”，机会不知道什么时候会来，但是实力却必须先培养，没有实力的人即使有机会，也会被淘汰出局。莱斯为自己的成功准备着，在关键时刻他趁机抓住了使自己成功的机遇。

我们不是没有机会，机会总会有的，它永远属于那些流下辛勤汗水的人。他们一直在为自己的理想和目标而拼搏着、奋斗着，在他们的潜意识里，聪明、智慧、创新都整装待发，他们已经有了敏锐的洞察力，他们会迅速抓住随风而过的机会，并充分利用它。

成功的机会属于有准备的人，它照顾那些无暇照料自己的人，而忽视那些偷工减料、浪费时间的人。从表面上看，机会应该喜欢那些时间比较多的人，但实际上，机会却是为那些有目标和决心的人准备的。有位作家做过这样的比喻：机会犹如梯子两边的侧木，一个人的拼搏奋斗犹如梯子中间的横木，两者兼有，才能成为攀向成功的梯子。顺势而谋，随时准备，成功的机会就在不远处。

要善于捕捉机遇

夏宾说过："优秀的人不会等待机会的到来，而是寻找并抓住机会，把握机会，征服机会，让机会成为服务于他的奴仆。"在每个人的一生中都会遇到机遇。我们应该做机遇的主人，而不是机遇的奴隶。碰到机遇是一种幸运，抓住机遇却是一种能力。我们只有做机遇的主人，才能抓住机遇，把握机遇，取得成功。

你一生中能获得特殊机会的可能性还不到百万分之一。然而，机会却常常出现在你面前，你可以把握住机会，将它变为有利条件。而你所需要做的事情只有一件：行动起来。

天空中掉下来的只有雨点，永远都不要想它会掉下来面包。所以不要总是仰望天空，等待机会掉进你的怀里。只有弱者才会等待机会，优秀的人是不会等待机会的到来，而是寻找并攫取机会、把握机会、征服机会，让机会成为服务于自己的奴仆。

一位修士虔诚地信奉着上帝，有一天，他不小心跌入了水流湍急的河里。虽说不会游泳，但他并不着急，因为他相信上帝是不会放弃他这个虔诚的子民的，上帝一定会救他的。当他刚刚落入河里时，正好有人从岸边经过，如果他喊救命，是能够得救的。但他想上帝会救他的，于是没喊。当河水把他冲到河流中心时，他发现前面有一根浮木，如果他用力挣扎几下，是可能抓住的，但他想上帝会救他的，于是照样在水中浮沉。最后，他被淹死了。

修士死后，灵魂忿忿不平地质问上帝："我是如此虔诚的信教士，你为什么不救我呢？"上帝奇怪地问："我还奇怪呢，我给了你两次机会，为什么你都没有抓住？"

时间总是和机会紧紧地联系在一起，从数学的角度来看，时间不等人，机会也不等人。只有行动的人才能与时间赛跑，才能抓住机遇，也只有行动的人才能创造出更多的机遇。人可以没有钱，但是不可以没有行动，因为行动是成功的保障，只有行动的人才有成功的机会。

英国有个青年，从小在街上卖报，后来在书店和印刷厂当了七年工人，在这段时间里，他读了很多书，从而对科学研究产生了兴趣。后来他听说英国皇家学院要为戴维教授选拔科研助手，便去选拔委员会报名，一位委员听说他是个装订工人，便嘲笑他说："你是不是头脑发热了！"

年轻人又来到戴维教授的大门口，在门前徘徊了很久，终于鼓起勇气敲响了门，教授微笑地说："门没有闩，请进来吧。"

"教授家的大门整天都不闩吗？"年轻人疑惑不解地问。

"干吗要闩上呢？"教授笑着说，"当你把别人闩在门外的时候，也就把自己闩在了屋里。"

教授听了年轻人的述说和要求后，写了一张纸条递给他说："你告诉委员会那帮人，就说戴维老头同意你报名考试。"

经过一场激烈的选拔考试，这位装订工人出乎意料地成了戴维教授的实验室助手。这个年轻人就是后来发明第一台感应发电机，发明存储电能的方法，发现电解定律的法拉第。

软弱的人和犹豫不决的人总是借口说没有机会，他们总是喊："机会！请给我机会！"其实，每个人生活中的每时每刻都充满了机会。

有一个年轻人非常想娶农场主漂亮的女儿为妻。于是，他来到农场主家里求婚。农场主仔细打量了他一番，说道："我们到牧场去。我会连续放出三头公牛，如果你能抓住任何一头公牛的尾巴，你就可以迎娶我的女儿了。"

于是，他们来到了牧场，年轻人站在那里，焦急地等待着农场主放出的第一头公牛。不一会，牛栏的门被打开了，一头公牛向年轻人直冲了过来，这是他所见过的最大而且是最丑陋的一头牛了。他想，下一头应该比这一头好吧。于是，他跑到一边，让这头牛穿过牧场，跑向牛栏的后门。

牛栏的大门再次打开，第二头公牛冲了出来。然而，这头公牛不但体形庞大，而且异常凶猛。它站在那里，蹄子刨着地，嗓子里发出"咕噜咕噜"的怒吼声。"哦，这真是太可怕了。无论下一头公牛是什么样的，总会比这头好吧。"

不一会，牛栏的门第三次打开了。当年轻人看到这头公牛的时候，脸上绽开了微笑。这头公牛不但形体矮小，而且非常瘦弱，这正是他想要抓的那头公牛！当这头牛向他跑过来的时候，他看准时机，猛地一跃，正要抓住牛尾巴，却发现这头牛竟然没有尾巴。

这是一个让人伤感和遗憾的故事，但说明了一个问题。在人的一生中，果断坚定，把握机会，就可能品尝成功的快乐，就可以成为机会的主人；犹犹豫豫，思前顾后，就有可能错过机会，甚至留下永远的遗憾。所以，我们不能像故事中的主人公一样，我们要征服机会，让它为我们服务。

生存在这个世界上本身就意味着上帝赋予了你奋斗进取的特权，你要利用这个机会，充分施展自己的才华，去追求成功，那么这个机会所能给予你的东西就会远远大于它本身。想一想吧，像弗来德·道格拉斯这样一个连身体都不曾属于自己的奴隶，尚且能够通过自身的努力最终成为一位杰出的演说家、作家和政治家，那么，当今的年轻人，与道格拉斯相比拥有无限机会的年轻人，是不是应该做得更好些呢？把握机会，让它成就你的成功。

马其顿国王亚历山大大帝在打了一次胜仗之后，有人去问他，假使有机会，他想不想把第二个城市攻占。“什么？”他怒吼起来，“机会！机会是我自己制造的！”世界上真正缺少的，就是那些能够制造机会的人；真正缺少的，就是那些敢于做机会的主人的人，让机会服务于他的人。

事实就是这样，机会往往是靠自己努力去争取、用心去把握的，而不是靠别人给予。有的人眼睁睁地看着大好的机会从眼前溜走，却整日里抱怨命运之神为何不垂青于他；有的人积于平时，慢慢地积蓄力量，机遇的灵光稍一闪现，便能紧紧地把握住，获得成功。

要学会适时反省

生活中，常听到有人说：“我做事从来不后悔。”听起来很豪气。他们真的是从不后悔吗？当我们在超级市场错买了没用的东西时，回到家里也会后悔，何况更大的事情？那些说自己从不后悔的人只是知道后悔是没用的，他们不会停滞在后悔上，他们做自我反省，找到适合自己发展的路子。

不难发现，人们产生后悔的原因大致可分为两种：第一种是在作出决定之前对可能出现的消极后果有一定的预知，但由于疏忽大意或盲目乐观，对这种危险的苗头没能采取必要的预防措施，在这种情况下，决定人是非常后悔的，因为他已经接近正确的选择，只因一念之差发生了重大遗漏；另一种后悔经常发生在盲目乐观者身上，决定者在制订行动方案时，有意回避不利的信息，对未来的困难、危险及不利条件根本未加考虑，由于没有任何心理准备，也没有任何有效的应急措施，因此，决定者只有惊恐和本能的防御反应，只能临时利用手头的力量补救一下，但终因补救措施的非系统化、非严密化而收效不大。

有的人经常后悔，而且经常经历相似的后悔，他们的失误往往不是新的失误，而是屡次重复旧的失误。他们的后悔仅仅停留在肤浅的情绪水平，没能深深地触及认知结构，没能很好地剖析失误的原因和吸取发人深省的教训。

后悔是没有用的。与其后悔，不如反省，找出失败的原因，认识错误所在，把失败当成经验，继续努力，找到成功的机会。如何将后悔转化为深刻的教训呢？我们不妨从以下三个方面入手：

首先，要反思后悔的根源，找出决策失误的原因。

其次，在陷入极度后悔的状态时，应淡化后悔的情绪色彩，积极采取挽救行动，但不应彻底遗忘后悔的情绪，适当地在心中保留后悔的经验才能对未来的选择更审慎。"健忘"正是屡犯相同错误的根本原因。

最后，在面临与过去相似的选择时，一定要仔细地回忆过去失败的情形，积极地利用过去的经验，从而避免犯相同的错误，只有这样，才能利用更多经验来取得成功。

"人生之路何其长，不必为了慢一步，而怀忧丧志；人生之路何其阔，不必为了挫折一时，而丧失信心。"

有些事情在当时看起来实在是糟糕透了，结局却圆满得不得了，人必须有远见。因此，人生之路要定得长长远远，不必为一时的困顿而"困"住自己，应从挫折中培养奋起的勇气。成功者和失败者最大的不同是，成功者知道如何熬过挫败和失望的岁月，而失败者反之。人类历史是在不断的反省中才得以发展的，也可以说，没有反省，就没有发展。所谓反省就是实事求是地把以前的经验教训，总结出一个规律性的东西，用以指导今后的发展。一个民族如果不会反省，它将会在世界民族之林中处于落后地位，处处被动挨打。同样，作为一个人，要发展完善自己，必须会反省，并且经常反省，如果他不会反省，他将重复自己所犯过的错误，或重复别人犯过的错误。

夏朝时候，一个背叛的诸侯有扈氏率兵入侵，夏禹派他的儿子伯启抵抗，结果伯启打了败仗。他的部下很不服气，要求继续进攻，但是，伯启却对部下说："不必了，我的兵比他多，地也比他大，却被他打败了，这一定是我的德行不如他，带兵方法不如他的缘故。从今天起，我一定要努力改正过来才是。"

从此以后，伯启每天很早便起床做事，粗茶淡饭，照顾百姓，任用有才干的人，尊敬有品德的人。过了一年，有扈氏知道了，不但不敢再来侵犯，反而自动投降了。

这个故事提醒我们，当遇到失败或挫折，假如能像伯启这样，肯虚心地反省自己，马上改正有缺失的地方，那么最后的成功，一定是属于你的。不要花了代价，又学不到教训，那就悲哀了！

自古以来，凡是成就大业的人，无不把反省作为自我修养的重要手段。早在两千多年前孔子就提出了"吾日三省乎"，越王勾践就以"卧薪尝胆"的方式进行反省。

反省是能力之母，反省是能力之王。学会反省十分重要，一个人学会了反省就学会了快速的进步。反省是一门学问，它包括信号标准的确认、信号的出现和觉察、反省、修正。一个人为什么能够强大，一个集体为什么强大，一个国家为什么强大，只有两个途径：一是有一个好老师，二是反省。好老师很难找，也许好老师在你面前你也不认识。所以我们要学会反省。我们不但要反省自己的所作所为，还要反省别人所做过的事，反省的主要目的是用所得出的结论，指导自己今后的行为，这个结论十分重要，正确的反省会使你更加聪明，错误的反省会使你错上加错。

反省其实是一种学习能力。犯错误、反省，正是认识错误、改正错误的前提。对大家来说，反省的过程，就是学习的过程。有没有自我反省的能力，有没有自我反省的精神，决定了你能不能认识到自己所犯的错误，能不能改正所犯的错误，是否能够不断地学到新东西。置身在变化剧烈的今日社会中，过去所谓的安全、安心、安享、安逸等固定生活状态，已不可能拥有永远会持续下去的保证。目前影响社会改变的因素太多，过去所谓的“固定”早已被推翻，而形成今日瞬息万变的社会形态。

每一种生活都有它的喜与乐，幸福的关键不在于我们正拥有着什么，而是如何看待我们的拥有。悲哀与烦恼伴随在每一个人的左右，对某些事情应该学会大而化小，做人太认真，只会让自己过得更辛苦而已，所以有的时候，忽略和遗忘是美好生活的基石，而不是让自己整日地沉浸在其中，无法自拔。很多人曾经无数次地感觉到悔不当初，恨自己的少不更事，错过了许多原本很美好的东西。浑浑噩噩地过了几十年，到现在才来后悔，怎一句“曾经沧海难为水”来形容此时的心境！与其说后悔，不如让自己好好反省。后悔，是重新走向过去；而反省，是向过去说再见。所以，不如抓住现在的幸福生活，不要让自己沉沦在过去的淤泥当中，要反省自己，积累经验，才能走向成功。

有人说：“如果命运交给你一个酸柠檬，你得想办法把它变成可口的柠檬汁。”人生中最重要的不是运用你拥有的，而是要如何在损失中获利，从失败中获益，在逆境中自我启发与锻炼。

失败是成功的机遇

失败并不可怕，但如何才能战胜失败，取得创造道路上的成功呢？

哈罗德·雪曼曾写过这样一本书，名字叫做《反败为胜》。书中指出面对每一次失败，我们需要：

一是重新明确目标，对自己的所需了然于心，这也是最重要的一步；

二是强烈的成功欲望，当一个人追求他所渴望的东西时，就更能培养并保持创造韧性；

三是找出原因，在失败的原因中找到自己的错误，有些是必然的，而有些是不必要的，要在必然和不必要中找到成功的正确途径，抓住这一机遇；

四是在目标上突破，这样更能激发人的奋斗精神；

五是坚定的自信心，不要仅仅为了一次失败，听到别人议论纷纷而改变初衷。

只要我们能够做到以上五点，就一定能抓住每一次失败带给我们的机遇，迈向成功。当爱迪生发明灯泡的时候，他用过各种金属做灯丝，甚至用过竹签，而他也做了1000多次的实验，在这1000多次实验中，每一次他面对的都是失败，而每一次都带给他一次机遇，他顽强的精神，终于让他找到了钨这一金属，所以他成功了。这让我们不得不仔细想想，现实生活中，很少有人能够经受得住数百次乃至千次的失败，甚至有人因为一次失败而一蹶不振，他们从不在失败中吸取教训，也从不认为失败是成功创造的一次最好的机遇。

我们国家有句古语："失败是成功之母。"其实这句话每个人都明白，它所说的就是指每个人都不可能第一次甚至每一次创造或创作都会取得成功，只有你在失败中找到教训，抓住失败带给你的这次机遇，用你的热忱，用你的独特的头脑，继续你的创造和创作或许会成功，或许还会失败，但你一定要有足够的心理准备，即使再次失败了，你也要从每一个细节中再次寻找，为何失败，然后再次抓住机遇，如果你能坚持不懈，就一定会成功。

"失败是成功之母"并不是一句空话。一个真正善于学习的人，不仅仅要学习正面的成功事例，还必须懂得从失败中学习。如果能够从失败中吸取教训，积累经验，就能转败为胜，由失败走向成功。

我们要以失败为契机。只有这样，才能看清自己的弱点，致力去消除弱点。不管多么令人痛恨的经历，都有其正面的作用，若能看到不愉快的经历里好的那一面的人，就是活用失败经验的人。没有一个人是注定该失败的，人若能充分利用自己的智慧，就会有成功的机会。有的人一遇到失败，就说这是自己的业障，要认命承受，再挣扎、再努力都没有用，把一切都归于宿命。

一个国家的前途需要反省，一个民族的前途需要反省，一个成功人士必须学会反省，自我反省是成功人士必备的美德。失败并没有什么好怕的，只有在失败中找出原因，反省自己，方能成功。正如古人所言："吾日三省吾身。”对每一个人来说，问题不是一日三省吾身、四省吾身，现在是速度革命时代，一天只有早上、中午、晚上才反省怎么够，应该具有高敏感度，时时刻刻都能自我反省才对。唯有如此，才能时刻保持清醒。

做一次自我检查容易，难就难在时时进行自我反省，时时给自己一点压力。有空多反省一下自己，会使你在人际关系上多一些自如，少一些摩擦，也会使你在人生路上多一些成功，少一些失败。有了这样的心态，一个人、一个企业才会无往不胜。

我们要生存就得工作，而在工作中就免不了要受气，如果我们不能及时自我反省，努力地去思考自己的不足，宽恕别人的不对，而只是一味地去抱怨甚至报复，那么我们就要面临被炒鱿鱼的危险以及更严重的苦痛，人也必须培养应付挫折的能力，唯有能够应付挫折的人，才能把每一次的挫折都看成一个警训，除不断修正自己的方向外，还继续朝着理想迈进。而任何一个成功的人，都是这样走过来的。我们要重视它，我们在日常生活中要去慢慢的认识自己，反省自己，这样你就会发现，原来世界是另一番面貌。

“金无足赤，人无完人”，每个人都会犯错，为什么我们不静下心来反省一下自己呢？后悔是极力地走向过去，反省却是和过去说再见。人应该多些反省，而不是一味地后悔过去。我们随时随地都应该问问自己，是否对以前犯过的错都一清二楚？若不能从自己身上找出失败的原因，难免下次还会犯同样的错误。

平心静气地正视自己，客观地反省自己，既是一个人修身养德必备的基本功之一，又是增强人之生存实力的一条重要途径。在面对挫败时反省功夫也是绝对必要的，不能让血汗白费，反省与检讨能有效帮助你面对下一次的挑战。总而言之，光说不练的人永远无法有所收获，不能身体力行也无法真正有所得。在付诸实践的阶段中，你将体会到失败或后悔的苦果，对于你的人生磨炼着实有着相当大的帮助。在人的一生当中，沉沉浮浮是常有的事，再成功的人总有失去的东西，再平凡的人，他们也有很多值得反省的地方。所以，一位成功的学者说过：“人生就是一次长途旅行，在每一段旅程中，既有得又有失，既有欢乐也有悲哀，无论如何，我们都应该做好自我反省，那么成功就会越来越近。”

克服创新之路上的障碍

打破思维定势

定势指的是心理活动的一种准备状态，它影响人们解决问题的倾向性。思维定势是指当人们思考问题时，总会存在一种思维的惯性，会习惯的根据自己已有的知识，按照一种固定的思路去考虑问题。这种习惯性的思维程序使得人们一面对问题就会按照熟悉的方向和路径去思考，从而找出解决问题的办法。

这种思维定势对于人们解决一般的问题，可以达到“轻车熟路”的积极作用，使人们熟练的解决问题。但是，当人们需要开创性地解决问题时，思维定势往往会成为一种障碍，一种束缚。它将人们局限在某种固定的思维模式内，打不开思路，不能形成创造性的新观念、新意识。

心理学家科斯曾做过一个实验：给被测试者五个英文字母，l、e、c、a、m，要求他们将这些字母组成一个英文单词，被测试者很快用3—4—5—2—1的顺序拼出一个词，camel（骆驼）。如此做了15次以后，又给被测试者p、a、c、h、e这五个字母，要求他们组成一个词。结果，他们仍然用3—4—5—2—1的顺序，拼成了cheap（便宜）这个词，而不会拼成peach（桃子）。

可见多次以同样的顺序排列单词，已经使被测试者产生了按照固定的顺序排列单词的思维定势，这种习惯一旦形成便很难有所突破。从而抹杀了被测试者有可能按照更为简单的办法排列单词的创新性。

再来看另一个由心理学家设计的心理游戏：在桌面上放着一张十美元的钞票，钞票的正中压着一把竖直放着的没开刃的菜刀，菜刀上支撑着一个横过来的木杆，木杆两端系着两个用来平衡的东西，轻微晃动就会掉下来。游戏要求参与者在保持木杆平衡的前提下，把钞票取出来，经过多次尝试，参与者发现，不管怎样小心谨慎，要想不碰到木杆而取出那张钞票几乎是不可能的。

其实，解决这个问题的方法很简单，那就是把钞票从刀刃压着的地方撕开，然后就能把钞票取出来了，然而，绝大部分的参与者都没有想到这个办法。

究其原因，不是这个办法高深莫测，一般的人想不到，而是因为，在现实生活中，人们的头脑中已经根深蒂固地形成了一种观念：钞票是很有价值的东西，不是纸。所以根本没有想过要把它撕开。这种在一定条件下表现出来的思维定势，揭示出了人们心理活动的呆板性、缺乏灵活性，并构成创新思维的障碍。

由此可见，思维定势一方面体现出心理活动的稳定性，使人们得心应手地解决问题；另一方面，它所固有的惯性也会妨碍人们思维的灵活性，阻碍新观念、新意识的形成，同时也阻碍头脑对新知识的吸收。正如法国生物学家贝尔纳所说："妨碍人们学习的最大障碍，是已知的东西而不是未知的东西。"纵观人类的科学史，在各个学科领域里的很多发明创造的重大成果最初的突破口，其实许多人已经注意到了，但为什么只有极个别的人会去重视、研究并获得创造性的成果呢？其中一个很重要的原因就是，一般人很难摆脱由自己的经验和已经形成的思维定势的束缚。

如今我们处在竞争日益激烈的知识经济时代，科学技术发展的速度越来越快，新的科技知识和信息迅猛增加。我们每时每刻都要面对许多新情况、新问题。如果广大中小学生不能不断地创新的话，将来就无法适应这种新的社会环境。

美国的《幸福》杂志每年都会列出美国最领先的500家公司，这个名单一直在变化，因为每年都有许多公司因缺乏竞争力而被淘汰。可见要想在竞争激烈的环境中赢得一席之地，就要使自己有竞争力，而具有创新的能力无疑会给你带来更大的自身优势。所以，我们要想创新，就要从传统的思维定势中走出来，培养创造性思维，不断地提出解决问题的新思路、新观念。

冲破权威的束缚

权威指的是在某种范围内最有威望和地位的人或事物，或使人信服的力量和威望。在我们社会的各个领域都存在权威，人们在相信权威的同时，往往会对权威产生崇拜，对于权威所确立的观点、理论，会丝毫不做考虑的肯定其正确性，并且，将其转化为自己的知识和经验，用它去分析、解决相关的问题。一旦遇到和权威不同的理论和观点，会不加思索的认为那些观点是错误的。这样，人们就很容易陷入尊崇权威造成的思维定势。

一方面，通过汲取权威所确立的理论和知识，在我们的日常学习中，会给我们带来很大的便利性，使我们不必凡事都要从零开始研究、开始摸索。因为一个人的时间和精力毕竟是有限的，即使是天才，也不可能做到样样精通，他通常只能在一个或几个有限的领域里进行深入的研究，而对其他的许多领域却知之很少。于是当在实践中运用已有知识不能解决问题的时候，就会求助于各个领域的专家，结果按照专家的建议去行事，往往使问题得到很好的解决。

另一方面，人们认为专家的意见就是权威，是准确无误的。久而久之，形成了尊崇权威的思维定势，不但盲目遵从，而且从未对所谓的权威产生过质疑。于是当需要人们进行创新性思考时，人们往往很难摆脱权威的束缚，在怀疑自己能力的同时，总会自觉或不自觉地按照权威所确定的方式去思考问题，从而无法进行创新性的思考，也就无法在前人的基础上有所突破。

早在1750～1769年，天文工作者勒莫尼亚就曾12次观察到了大王星的存在。但是有关天文学的权威性的著作一直认为，土星是太阳系最边缘的行星，太阳系的范围到土星为止。由于无法冲破权威性论断的束缚，勒莫尼亚始终没有能认识到他所发现的这颗星也是太阳系的行星之一。所以直到1781年，这颗星才由英国天文学家威廉赫谢尔认定确实是太阳系的行星之一。

所以，对待权威，我们一方面要尊重权威，汲取专家们的知识和经验；另一方面，我们也不能完全依赖权威，不能让它成为我们头脑中的思维定势，成为我们进行创新思考的障碍。我们要进行独立思考，敢于向权威发起挑战。

事实上，历史上很多创造性的成果都是建立在推翻权威的基础上的。

在医学史上，盖伦是西方古代医学的最大理论家之一，他的成就为西方医学的解剖学、生理学、诊断学的发展奠定了基础。由于得到了宗教神学的支持，盖伦的学说如同托勒米的地心说一样，成为当时的金科玉律，是绝对的权威。

1543 年，比利时的维萨里不顾权威的束缚，出版了《人体的结构》一书，他在著作里大胆地驳斥了《圣经》关于上帝抽出亚当的一根肋骨而创造了夏娃的说法，提出并证明了男女均有 24 根肋骨。同时他还纠正了盖伦著作中的 200 多处错误。维萨里的同学，西班牙的萨尔维特在自己的著作中也向权威发起了挑战，他批判了盖伦的“心血潮流说”，提出了血液“小循环”观点。

在生物学上，进化论的确立也是跟权威作斗争的结果。在欧洲，从中世纪以来就是“神创论”占有统治地位，《圣经》中说：上帝创造了天地和日月星辰，又创造了动物、植物，最后用泥土造人。到了 18 世纪，瑞典生物学家林耐大胆的提出了人、猿、猴同属灵长类的“人猿同类论”，不久法国的布丰又提出了“人猿同源论”，19 世纪初，法国博物学家拉马克更进一步，首次提出了由猿变人的理论，最后，在 1859 年达尔文发表了名著《物种起源》，正式提出了进化论。

所以，广大的中小学生在日常生活和学习中，也要在尊重的权威的基础上，学会质疑，学会打破权威的束缚。对于学生朋友们来说，这种质疑主要是对书上的内容和老师所讲的知识多问几个为什么，用批判的眼光去学习。正所谓“尽信书，不如无书”。

多角度认识事物

由于实践范围的客观事物是有机联系的统一整体，它是具有多重层次和多种成分的，因此从不同的角度、不同的层次去看就会得到不同的结果。如果仅仅局限于某个角度去看待事物，这无疑是十分片面的，不能反映出事物的多元性。

由于人们头脑中惯常的思维定势会使人们总是按照一种熟悉的途径和方式认识事物，思考问题，这往往会使人们从某一固定的角度去认识事物，而忽视了认识事物的其他的角度。为了避免思维定势在人们思维过程中的消极作用，我们应该增加自己的思维视角，学会从多种不同的角度来认识事物，分析问题。

宋代文学家苏东坡“横看成岭侧成峰，远近高低各不同”诗句就很形象地说明了事物自身是具有不同的侧面的，从不同的角度去认识事物，就可能给我们以不同的形象和认识。

比如，同样是面对珍珠这种东西，不同的人会有不同的认识：在生物学家看来，珍珠是一种由贝壳动物所产生的分泌物；在化学家看来，珍珠是一种由磷酸盐和磷酸钙相混合而产生的有胶质的物质；而在女人看来，珍珠是一种漂亮的饰品。

可见，对待同样的客观事物，由于人们认识角度的不同，所获得的认识就会有差异，这种差异有可能会有正确错误之分，但很多情况下，是无所谓正确和和错误的，所以我们不要把视角总是停留在事物的某一方面，应该试着从多种角度来观察事物，在此过程中，你可能就会有以前从未察觉到的意外发现，从而给你带来创新性的灵感。

再者，世界上的万物都不是孤立存在的，他们作为普遍联系的世界的一部分，与周围的事物总是有着千丝万缕的联系，所以我们在认识事物时，不能把视线只放到你所要认识的事物上，也要注意与此事物相关的其他事物，必要的时候可以从其他事物中找到问题的切入点。

生活在地球上的人们，每天都看到太阳东升西落，所以，远在古代人们就凭感觉直观地形成了“地球中心说”。在近代以前，人们认为这种认识是同自己的经验相吻合的，因此十分虔诚地信奉这种学说。哥白尼在长期的天文观察中，他所看到的观察对象及现象与一般人是没有区别的，然而他并未就此止步。他借鉴前人关于地球绕日公转的猜想，转换了看待问题的视角，设想自己是从恒星上来观察地球和其他天体。他通过运用运动的相对性原理，比“地球中心说”更合理地解释了天体的运动和地球上自然现象的周期性变化，从而为具有划时代意义的“太阳中心说”的提出扫除了观察上的障碍。

另一个具有说服力的例子就是在研究埃及金字塔巨石的成因时，人们各持己见。这些巨石到底是天然石块加工制成还是用别的方法造就的呢？人们经过长期的观察与研究仍没得出确定的结论。后来，有人改变了看待事物的视角，改从古代埃及文化、法老陵墓中的随葬品等方面去进行观察分析，最后得出结论，而且导致了一种“金字塔水泥”的发明。

所谓金字塔水泥，是发明者在分析金字塔巨石成分的基础上，进行反求而获得的成果。据说这种水泥具有强度高、耐腐蚀、易凝固等优点，问世以后受到建筑界的瞩目。

再如，为了察看汽车发动机运动部件的磨损情况，通常的办法是先拆卸发动机，然后对零部件的磨损部位进行直接观察和用量具进行测量，根据发现磨损部位和磨损量来确定维修方式。这种方法费时费力，而且需要停车拆卸后才能实施。那么能不能发明一种不需拆卸机器就可发现零部件磨损程度的方法呢？于是有人借鉴人体验血看病的原理，提出了“验油测磨损”的新技术，即先从发动机油底壳中取出少量机油，然后通过铁谱分析技术或光谱分析技术，观察机油中金属微粒的变化情况，进而间接发现磨损的程度。

这种新方法由于不需拆卸机器，具有快速、高效、低耗的优点，因此引起人们的广泛重视。在工业生产中，越来越广泛地应用的无损检测技术，也闪烁着改变转换角度分析问题的智慧之光。

所以，在实践中，我们首先要了解什么是传统视角或常规视角，然后在此基础上进行观察基点位置的改变或观察方式的改变。一般来说，改变观察位置比较容易，但从不同视野中领悟出新的创意则不容易。这实际上就是一种通过把注意力引向外部其它相关联的领域和事物，从而受到启示，找到超出限定条件之外的新思路，进而使问题得以顺利的解决的方法。可见，通过从多种不同的角度，来观察事物的方方面面，有利于我们更好地认识事物的本质，从而找到解决问题的突破口。

对广大的中小学生来说，在日常生活和学习中，不可一头钻进书籍，因为知识本身是丰富多彩的，而书籍上的知识只是诸多知识中的一种。大家还应该更加全面地认识知识。另外，大家在学习的时候，当一种方法无法获得预期目标时，就不要硬着头皮走下去了，而是要换个角度来看看是不是学习方法本身有问题。

抛弃经验主义

经验通常都是经过长时间的实践活动所取得和积累的，对人们具有启发和指导意义，通过借鉴他人的经验，可以使我们在实践活动中更容易认识客观事物，处理起问题来更得心应手。但我们同时也应该看到，过去的经验不一定适用于解决现在的问题。我们不能让过去的经验成为我们创新的障碍。而且每一个人，不管他经验有多么丰富，他还是会遇到没有经历过的新情况、新问题，如果不能从新的角度进行开创性的思考，还是按照以往的经验处理问题，那结果很可能就会失败。

最后，经验只是人们在实践活动中取得的感性认识的总结，没有揭示出事物的本质和规律，它抓住了事物比较常见的方面，却忽视了一些偶然的方面。在现实生活中，我们会经常遇到一些带有偶然因素的事件，这时候如果我们仍然用所谓的经验来处理，很可能出现偏差，使问题无法解决。

1973 年第四次中东战争前夕，埃及军队进行了多次大规模测量塔高的活动。物理学家的做法登上塔顶，通过手表来计时，然后轻轻松手让气压表作自由落体运动，并且记录下气压表落到地面所需时间，最后再根据自由落体公式，计算出了塔的高度。但是物理学家这种使用气压表来计算塔高的办法，商人并不满意。

轮到了工程学家，他的做法是，先在塔底测量了一下大气气压，然后登上塔顶又测量了一次气压，得到塔底和塔顶气压的差值，再根据每升高 12 米气压下降 1 毫米的汞柱，最后计算出塔的高度，商人非常满意。

最后轮到画家，这对于画家来说，可能是个难题，因为他没有物理学家的学识，也没有工程学家的经验，但是这倒也不是件坏事，因为他没有经验，更谈不上思维定势，所以可能会有更多的方法可以选择。于是画家想到了一个很好的办法，他把气压表送给看守塔的人，作为交换条件，他让看守塔的人到储藏间把塔的设计图找出来，通过看了塔的设计图，画家得到了塔的精确高度。

商家更高兴了，因为画家寻找到的设计图，精确地验证了工程学家用气压表测量塔高的结果。看来，已有的知识和经验有时候也会成为人们的思维障碍，暂时抛弃你的经验，你往往会得到意想不到的发现，会找到解决问题的更为简便的方法。

美国福特汽车公司总经理伏特就曾经说过："一个人按照旧的办法办事，在生活上是许可的，但在经营上是注定要失败的。"因此面对我们既有的经验，我们一方面要认识到它有一定的参考和借鉴价值，应该吸取其中有实用意义的部分，另一方面，我们还要看到经验所不可避免的局限性，对于那些妨碍束缚我们进行创新思考的陈旧经验，一定要抛弃。

同样的道理，广大的中小学从小学升入中学，总要接触许多新的课程、新的知识，如果还用原来的学习方法来学习这些新知识，恐怕只会适得其反。所以，大家要学会抛弃以前的经验，用一种新的眼光来看待这些课程和知识。

克服从众心理

所谓的从众就是跟从大伙，随大流。在从众心理的指导下，我们往往是别人怎么考虑我就怎样考虑，别人怎么说我就怎么说，别人怎么做我就怎么做。即所说的"人云亦云"。

很多人之所以在思维上会有这种从众心理，是因为这种思维形式能够给人带来安全感，而不至于"孤军奋战"。而且，按照大家公认的态度和方法来处理问题，是一种比较保险的处事方法。跟随众人，如果这件事处理得很好，自然有你的功劳；如果处理的不理想，你也不会一个人承担责任。事实上，社会上很多人，包括你我在内的许多行为都是在跟随大流的心理作用下做出的，很少或根本没有经过自己的深入的思考。

造成这种从众心理的因素很多。首先，这种心理与社会的整体环境有一定的关系。有人说，一个社会的传统色彩越浓，其中个人从众心理就越重。的确，传统色彩浓厚的社会，统治阶级总会运用各种手段，强化民众的从众意识，以禁锢人们的思想，避免不利于其统治的“异端邪说”出现，从而保证社会的稳定和政权的巩固。

其次，人们之所以选择跟随大化，还考虑到，如果提出自己的与众不同的观点很可能会招致“枪打出头鸟”的后果。实践中的经验也表明，在一个从众心理较普遍的环境里，那些敢于提出自己与众不同的见解的人，往往会被人认为不合群、爱表现自己，从而影响了人际关系的融洽。

最后，在众口一词的情况下，许多人往往已经失去了评判的标准，迷失了自己本来要坚持的与众不同的观点。其实，对于世界上的任何事情，我们每个人都有自己的评判尺度和标准，因为每个人看待问题的角度不同，思考问题的方式也不尽相同，加上个人的自身情况各有差异，最后对于某件事情得出不同的看法和结论也是理所应当的。

但是在从众心理的作用下，大家对待某事实众口一词，久而久之，大家的这种观点就被认为是正确的。于是，本来要表明自己不同观点的人也对自己的观点产生了很大的怀疑，毕竟是“众口铄金”啊，所以也就不再表明自己的看法，也加入了大家的行列。

用一个很简单的例子来说，大家都认为人习惯使用右手是正常的，那天生就习惯使用左手的人，即左撇子，就被人视为不正常了，所以如果谁家的孩子是左撇子，家长就会从孩子小时候起，就要求他改掉这个“毛病”，改成所谓的正常的使用右手的人，殊不知，习惯使用左手，可能正表明了孩子在右脑方面的天赋。

这种从众的思维方式有利于解决常见的问题，保持群体的稳定性，有利于大家的一致行动。但是，凡是只是跟随大流，自己不独立进行思考，不利于思考者形成创新观点。一般来说，从众心理比较强的人，他的创新思维能力就会较弱，而那些不善于跟随大流的人，往往创新思维能力都比较强。

这里所说的后者，他们通常不会按照大家公认的标准来发表自己的观点。他总是要提出自己的与众不同的意见。因为在他的意识中，大家都认为是正确的往往很可能就是不正确的。其实，实践中的很多实例都证明了那些敢于标新立异提出新主张、新观点的人，虽然曾经遭到很多人的激烈反对，但最后这些新观点都被证明了是正确的，并且得到了社会的普遍接受。

比如，实验科学先驱者罗吉·培根早在13世纪就提出，彩虹是由于太阳光照着雨水反映在天空中而形成的。这种观点和当时大家普遍接受的观点，即天上的彩虹是上帝的指头在天空划过的痕迹，是格格不入的。他不从众的观点使他被关了15年的黑牢。

波兰著名的天文学家哥白尼在当时“地心说”占统治地位的年代，发表了“天体运行论”，提出了与传统不同的“日心说”，主张地球围绕太阳转动。这种学说从一开始就遭到了人们普遍反对，被认为是“异端邪说”，因为它和当时人们已经普遍接受的“地心说”相差甚远。

在“神创论”占统治地位的中世纪，人们普遍接受了《圣经》中关于上帝造人的理论，1859年，达尔文经过20多年的艰苦研究，发表了名著《物种起源》，顿时在社会上掀起了轩然大波。他的理论也被人称为“牲畜哲学”、“粗野的哲学”。

人们之所以会对这种不跟随大流的观点如此激烈的反对，是由于社会上的大多数人在从众心理的作用下，已经形成了相对固定的思维模式，他们自己不能摆脱思维框架的束缚，就只能强烈的反对抵制这种不从众的观点。人类历史上的每一次的新观念的提出都会面对这种被众人拒绝的情况。经过一段很长的时间，这种由少数不从众的人提出的观点才得到社会的普遍承认，最后成为大家都接受的真理。这也正是所说的“真理往往在少数人手里”。

所以，当我们面对新情况，新问题，需要我们进行创新思考的时候，我们就要从从众的圈子里走出来，不要被多数人的所谓正确的观点所影响，拓宽你的视角，开阔你的思路，进行你自己的有创新的思考。